异型面平煤装置的特性与结构研究

苏永红 ◎ 著 ————

YIXINGMIAN PINGMEI ZHUANGZHI DE
TEXING YU JIEGOU YANJIU

中国农业科学技术出版社

图书在版编目（CIP）数据

异型面平煤装置的特性与结构研究／苏永红著. —北京：中国农业科学技术出版社，2020.6

ISBN 978-7-5116-4722-1

Ⅰ.①异… Ⅱ.①苏… Ⅲ.①缓倾斜煤层–刮板输送机–研究 Ⅳ.①TD528

中国版本图书馆 CIP 数据核字（2020）第 071504 号

责任编辑　王惟萍
责任校对　马广洋

出 版 者　中国农业科学技术出版社
　　　　　北京市中关村南大街 12 号　邮编：100081
电　　话　（010）82106625（编辑室）　（010）82109702（发行部）
　　　　　（010）82109709（读者服务部）
传　　真　（010）82106650
网　　址　http://www.castp.cn
经 销 者　各地新华书店
印 刷 者　北京建宏印刷有限公司
开　　本　710mm×1 000mm　1/16
印　　张　5.75
字　　数　121 千字
版　　次　2020 年 6 月第 1 版　2020 年 6 月第 1 次印刷
定　　价　48.00 元

前　　言

　　煤运列车装煤时，由于装煤方式的原因，造成煤在车厢中间堆起而边缘空间少煤，所以必须进行平整和充实，即将车厢中间堆起的煤排到边缘空间并使煤顶面平整，以避免运输过程煤面飞扬并保证列车运载效率。目前生产实践中使用的平煤器刮板一般是长方形刮板，刮板面为简单的平面，这种刮板工作效率非常低而且平煤质量差。这类平煤器最明显的问题是，刮板进行平煤时，由于排煤不流畅，无法及时将煤推向车厢的两侧，致使车厢中间煤仍然堆积很高并延续到车厢后端，为满足铁路运输要求，必须进行二次人工平煤；也有的平煤器在形状上稍微进行改进，即在长方形的中间焊接上尖形的突出部位，以利于排煤，虽然分煤效果有了提高，但依然不能从根本上解决排煤不畅的问题，由此可知，若想获得理想的平煤效果，必须对平煤器刮板的形状进行改进。

　　本研究主要以改善平煤器刮板向两侧排煤为目的，着重对刮板结构形状进行优化，将离散单元法引入平煤刮板平煤的运动过程中并利用 PFC3D 软件进行了编程及运动仿真分析。主要研究内容如下。

　　（1）根据离散单元法中的散体运动力学和接触力学，对刮板推刮煤颗粒时，颗粒的运动规律及接触力的变化进行理论分析，并确定煤颗粒的接触模型。

　　（2）根据煤矿中煤的实际参数，通过 PFC3D 离散元软件对装载煤粒车厢进行编程及建模，并利用该软件来追踪分析模型的平衡状态，保证了平煤装置结构的优化能在一个平衡的离散元车厢模型中进行。

　　（3）利用 PFC3D 软件的颗粒墙概念及编程语言，用颗粒组排列来模拟刮板的结构，这样便可直接变更颗粒的坐标得到不同形状的刮板结构，不仅简便快捷，而且仿真效果也很清楚。

　　（4）利用 PFC3D 离散元软件对 4 种形状刮板的平煤过程进行编程及运

动仿真，获得了在不同的循环次数下刮板平煤时的煤颗粒的运动分布图、煤颗粒的速度矢量图、接触力树状图等，通过对比分析得出刮板结构优化的趋势方向。

本书系统阐述了上述研究及其取得的成果。

本书得到国家开放大学优秀青年教师培养计划经费资助。

本书在写作过程中参考引用了国内外专家、学者的研究成果，在此表示衷心的感谢！尽管本书的著者本着严谨的治学态度和高度的工作热情编写本书，但书中仍可能存在某些不足，敬请广大读者批评指正。

著 者

2019 年 12 月

目　　录

第一章 绪 论

一、研究的意义

铁路是煤炭运输的主要渠道，随着列车运行速度的提高以及对节能和环保要求的不断提高，对煤运列车的装车质量有很高的要求。煤运列车装煤时，由于装煤方式的原因，造成煤在车厢中间堆起而边缘空间少煤，所以必须进行平整和充实，即将车厢中间堆起的煤排到边缘空间并使煤顶面平整，以避免运输过程煤面飞扬并保证列车运载效率。由于现有的平煤器效果不理想，多数煤矿和煤运站仍然采用人工辅助平煤，不仅速度慢、费用高、劳动强度大，而且人为因素造成平煤质量的一致性差，部分车厢的平煤质量仍然达不到要求。所以，有效的机械平煤装置成为煤运列车装煤的必要设备。

机械式平煤装置工作原理非常简单，即当煤装满一节车厢后，随着车厢向前移动，控制电动机执行部件，使平煤器刮板落到车厢前端的上方，并控制好刮板下落的深度开始平煤；当刮板与车厢后端接近时，再操作电动执行机构把平煤器刮板抬起，如此往复，循环使用。刮板平煤的效果完全取决于刮板的形状，目前生产实践中使用的平煤器刮板一般是长方形刮板，刮板面为简单的平面，这种刮板只能进行简单的平煤，工作效率非常低而且平煤质量差。这类平煤器最明显的问题是，刮板进行平煤时，由于排煤不流畅，无法及时将煤推向车厢的两侧，致使车厢中间煤仍然堆积很高并延续到车厢后端，最后依然需要人工去填平车厢的两侧；也有的平煤器在形状上稍微进行改进，即用两块长方形板对称焊接在一起，以利于排煤，虽然分煤效果有了提高，但依然不能从根本上解决排煤不流畅的问题，由此可知，若想获得理想的平煤效果，必须要对平煤器刮板的形状进行改进。

本研究使用离散元法 DEM（Distinct Element Method）中的 PFC3D 离散元软件来分析煤颗粒在不同形状刮板的推力作用下向车厢两侧的运动情况。PFC3D（ZHAO C，2018）是 ITASCA 咨询集团公司开发的三维颗粒流程序软件。此软件主要是利用数学显式差分算法和离散元理论来仿真圆盘形或球形颗粒介质的运动及其相互作用，所以它可以用来模拟推土板推刮土壤时，土壤介质流的运动过程仿真（蒋明镜，2019）。不仅如此，该软件还提供了强大且灵活的模拟环境，并且能使用软件中自带的 FISH 独立脚本语言来建立边界模型，适用于土壤散体的碎裂、动态破坏以及地震反应等研究领域（赵仁威，2015）。

二、平煤装置平煤技术国内外研究现状及存在的问题

（一）国内平煤装置的发展现状

平煤装置广泛应用于煤矿中，但目前国内市场中使用的平煤装置的结构形状都比较简单，如上节所述，简单的刮板形状，致使平煤的效果不佳。平煤装置最初使用时，仅是用一块最简单的长方形结构的刮板进行粗糙的平煤，最终仍然需要人工辅助把煤铲平。随着这种长方形刮板平煤时的弊端日益凸显，市场上就有了对这种结构进行改进的对称三角形刮板，即用两块长方形板对称且成一定角度地焊接在一起，以利于排煤，虽然分煤效果有了提高，但依然不能从根本上解决排煤不畅的问题，所以刮板的形状直接决定着平煤的效果，必须对刮板进行结构优化才能提高平煤器平煤的水平。

目前国内安装使用的机械式平煤器中以下 4 种具有代表性。

第一种是福建省龙岩永定某发电站简易龙门架式平煤器。这种平煤器造价大概在 4 万元左右，结构相对简单，类似龙门吊，两边由双立柱组成，两立柱之间有导轨（滑轮可在导轨中上下滚动）。在左右导轨之间装有平面刮板，刮板焊接在左右装有滑轮的横梁上面，平面刮板利用火车向前移动的作用力把煤刮平，平煤器刮板落入煤的深度由卷扬机正反转通过钢丝绳提升或下降决定，为了避免钢丝绳过卷，在导轨顶端安装有终点开关（韩顺佳，2016）（图 1-1）。

这种简易龙门架式平煤器的工作原理是：平煤器一般安装在装车仓下的

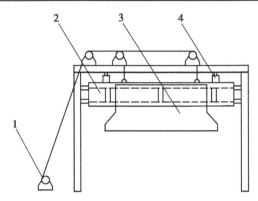

1. 卷扬机；2. 龙门架；3. 平煤器刮板；4. 下放限位开关

图 1-1 龙门式平煤器结构

溜槽附近，即车皮运行的前方。使用平煤器进行平煤时，随着车厢前进移动，平煤刮板不断地刮平煤堆，待刮板接近至车皮尾部时按上升按钮，使得刮板上升，当刮板底部上升到车厢横梁上方20米处时，刮板等待下一车皮的驶入，为平刮下一节车厢的煤做好准备。由于这种平煤装置的刮板形状为平面长方形，在平煤的过程中，随着车皮向前不断移动，刮板平煤的同时在其中间也堆积了很高的小煤堆，即刮板中间部位的煤不能顺利地排到车皮两侧有空隙的部位，这样当刮板接近车皮尾部时堆积在车厢中间的煤还需要借助人工辅助，用铁锹铲平煤堆并填补到车皮两侧的空隙部位。这样既不能高效地完成火车装煤，也增加了工人的劳动强度。显而易见这种平煤装置结构简单，只是从整体上进行粗糙的平煤，尤其是刮板部分仅是一个长方形平面，平煤效果不佳。

有的煤矿对上述平煤器刮板部分进行了改进，即用两块一样的长方形平板对称分布且成一定角度地焊接在一起，如图1-2所示，这种改进了的刮

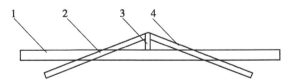

1. 横梁；2. 左翼板；3. 对称平煤器刮板；4. 右翼板

图 1-2 对称式平煤器结构

板一方面可以增强刮板平煤时的推力，另一方面可以提高中间煤堆向车厢两侧空隙部位排煤。比起简单的长方形平面刮板平煤器，这样的改进确实使得平煤效果得以提高，但最终还得借助人工辅助平煤。

第二种南山选煤厂自行设计的四连杆双棍平煤器。这种平煤装置的特点是在平煤的同时也对车厢上的煤进行夯实压平以达到足吨运输并减少运费损失的目的。其工作原理是当一节车厢装满煤后，车皮向前移动，同样由人工操作电动机执行部件，使四连杆双棍平煤器刮板落到前厢板的上方，在前部刮板推煤的同时，后侧的两个压辊进行夯实压平，等前部刮板与车厢后端接近时，再由人工操作电动机执行部件把四连杆双棍平煤器抬起，如此往复，循环使用。

这种平煤装置的结构如图 1-3 所示，主要由 4 部分组成：4 个活动连杆、前部刮板、两套压辊及电动执行部件（陈卫国，2008）。4 个活动连杆是整个装置的主要支撑主体，它的一端用销轴通过耳板固定在钢桁架上，耳板焊接在"U"形钢板上面，"U"形钢板又是通过螺栓固定在圈梁上；活动连杆的另一端则通过销轴与和前部刮板连接在一起，其中下侧的两个活动连杆是通过铰接和两套压辊固定连接在一起的，而两套压辊的连接方式是可调节的。前部刮板的上方通过滑轮与电动执行部件连接，电动执行部件的上

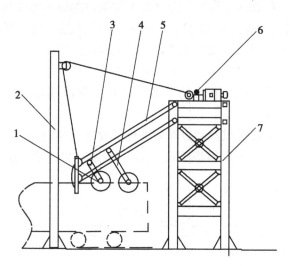

1. 压辊；2. 平煤刮板；3. 压辊铰接梁 2；4. 压辊铰接梁 1；5. 活动连杆；6 传动机构；7. 支架

图 1-3　四连杆双辊平煤器结构

下移动是由电液压制动器制动控制。

此装置被使用后取得了明显的经济效益，煤装车达到了要求，装车的重量达到了火车车体的标重，避免了亏吨现象，杜绝了铁路运费的损失，机械化程度得到提高，节省了人力，减少了工人劳动强度，而且安全可靠性强。但是此装置在结构上较为复杂，虽然可以对车厢内煤进行夯实，但由于前部刮板结构简单使平煤的效果也不太尽人意。

第三种是市场上使用不多的螺旋式平煤装置。该装置将前部传统的长方形平面刮板做成了立体式的结构，如图 1-4 所示。在具体的实施安装时，用两个转向相反的螺旋式犁煤器连接在起支撑作用的横梁上。当人工操作电控执行机构时，两个螺旋式犁煤器开始以不同的转向犁煤并将煤推向车厢两侧。这种平煤装置平煤的效果非常明显，但是螺旋式犁煤器的制作工艺复杂，成本相对较高，而且平煤效率较低，目前使用不太广泛。

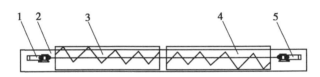

1. 动力机构1；2. 支撑横梁；3. 左螺旋犁煤器；4. 右螺旋犁煤器；5. 动力机构2

图 1-4 螺旋式犁煤器结构

第四种是梳齿状的平煤装置。这种装置在火车装煤后平整火车沫煤使用平板形状的刮板结构来完成，对于火车块煤的平整就可以使用梳齿状的平煤刮板装置，结构如图 1-5 所示。这种梳齿形状的刮板可以使块煤与刮板充分地接触，确保下放的深度，分流块煤的程度提高，进而提高了平煤器的平煤效果。梳齿状平煤刮板的表面进行了硬化处理，不仅能确保刮板的刚度和硬度，同时也提高了它的表面耐磨性。平煤器刮板由钢丝绳牵引，靠其自重下放，直到工作位置时停止，故障率比较低，可靠性较高。

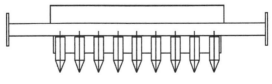

图 1-5 梳齿状平煤器结构

以上是目前国内煤矿上使用的 4 种平煤装置，它们的工作原理基本上是一样的，而有待进一步实现改进的依然是平煤器刮板的形状，此形状直接决定着整个平煤器平煤的效果。根据数学函数知识可知二次曲线函数具有连续光滑的数学特性（付宏，2012），若将这一数学思想用于改进刮板的形状，则刮板平煤效果将大幅度提高。

在发达国家煤矿的装煤技术比较成熟，多采用先进的快装系统，煤通过溜煤装入车厢时，已经将车厢的两侧填得很充实，无须再进行平煤。

（二）存在的问题和解决办法

从国内目前对平煤装置的使用情况及研究现状可以看出，平煤器平煤最主要的问题还是由于刮板的形状过于简单，无直接外推分力，主要依赖煤的自然流动，而导致平煤过程中煤不能顺畅地被排到车厢的两侧空隙中。尽管先进的快装系统能有效解决这个问题，但由于成本和规模问题，只适用于少数大型煤炭生产和运输企业。对于大多数企业，仍适合采用高效率的刮板平煤方式，关键是要提高平煤质量。要使平煤的效果得到提高最关键的技术是找到正确的方式对刮板的形状进行优化，使用合适的软件对平煤器的平煤过程进行模拟仿真，并对模拟仿真结果进行分析比较，最终得到最佳的刮板形状。

三、离散元法的研究进展

离散元方法（DEM）（FENG Y T，2014）是近几年发展起来的用于解决散粒群体力学问题的一种重要的数值模拟分析方法，是 1971 年由 Cundall 率先提出来的。离散元分析法最开始是用来研究准静态或动力情况下的块体集合的力学问题，其基本思想就是把散粒群体简化成具有一定质量和形状颗粒的集合，并赋予相互接触的颗粒间及颗粒与接触边界间某种力学接触模型和模型中的相关参数，以考虑散粒体之间及散粒体与边界之间的接触作用以及散粒体与边界的不同物理力学特性，通过追踪流体场中每一个散粒体的运动轨迹来达到模拟整个流场中颗粒群的运动状况。离散元法采用动态松弛法、时步迭代和牛顿第二定律来求解每个颗粒的运动速度和位移情况，所以特别适合用于求解非线性问题。

1974 年有学者对离散元单元法研究出的二维的离散元程序，这种程序自带交互会话并有屏幕输出功能。受到计算机内存的限制，大部分程序是用汇编语言编制完成的，1978 这些程序逐渐被译成 FORTRAN IV 类型的文本，最后形成了离散元法的基本程序。Strack 和 Cundall 两位学者在此期间合作开发出了基于 BALL 程序的二维圆形块体程序，这种程序侧重于对颗粒力学行为的研究，他们所验证得到的数据结果，与 Drescher 等人用光弹技术的实验结果相互吻合，从此 BALL 程序逐渐成为颗粒介质本构方程研究的重要方法（ZHAO Y，2012）。Thornton 综合前人的研究成果，通过对颗粒间粘连力时法向、切向接触力的计算研究，形成了自己的一套接触理论，再通过DEM 的基本原理，改进研制出较为成功的二维和三维离散元程序法。

在国内，王泳嘉是较早将离散元法引入国内的学者，在 1986 年的第一届全国岩石力学数值计算及模型试验讨论大会上，将离散单元法的基本原理和方法介绍到国内。魏群提出了利用计算机来模拟产生任意形状离散颗粒组合体，利用蒙特卡诺法，产生满足不同分布函数，不同级别的颗粒组合体，这些理论为研究颗粒组合体的变形特性提供了基本条件。鲁军在他的三维刚性体离散元法数值模拟中提出了，凸多面块体的角边修圆模式，这样可以避免岩块尖锐棱角给计算带来的困难，这对解决不规则形状的颗粒问题起到了启发作用。

以上学者的离散元研究主要是对岩土方面的研究，周德义、马成林这两位学者利用离散单元法探讨了农业物料的结拱问题，对出流结拱时孔口的尺寸，颗粒大小以及物料湿度之间的关系进行了研究和探讨。中国农业大学的徐泳利用颗粒离散元法对料仓卸料过程进行了模拟研究，分析了出口与结拱的关系，并且在干颗粒接触模型研究的基础上，对颗粒堆积问题进行了研究。中国矿业大学的赵跃民对振动平面的粒群运动利用离散元法进行模拟仿真，对颗粒群的松散度进行了研究。近几年来吉林大学的付宏对基于面向对象的离散元法分析设计软件进行了研究，开发出了精密排种器分析设计软件。

通过对离散元发展的调查可以发现，离散单元法的研究应用范围十分广泛，模拟仿真与实际模型的匹配程度也很高，但适应于各个行业的仿真软件还没有研究出来。离散元散体的模型已经逐渐成熟，在不同环境下都有像适用的模型。本书将在离散元法研究的基础上利用相关的软件对课题内容进行研究是可行的。

四、离散元法分析软件

在现有的商品离散元软件中，边界的建模一直被集成到离散元分析软件中，产生了很多应用于特定专业领域的离散元法分析软件，以 Cundall 加盟的美国 ITASCA 咨询集团公司开发的软件最为知名，该公司先后开发出来多款离散元分析软件。

1985 年，ITASCA 咨询集团开发研究出来一款离散元分析软件——UDEC，这个软件主要用于解决准静态或者动态环境下的不连续块体问题或者岩石接缝问题。它可以对岩石变形进行模拟，对锚杆、锚索等支护结构进行模拟，还具有针对爆炸、地震等动力过程进行模拟的功能。

1986 年，该公司又研究开发出一款离散元软件——FLAC，这个软件利用节点位移连续的条件对连续介质的快速拉格朗日分析系统，可以对连续介质进行非线性大变形分析。它不仅能够模拟地应力场的生成、地下工程或者边坡的混凝土衬砌、开挖、地下渗流、锚杆（锚索）设置等，还可以模拟六种不同本构关系的材料。高版本软件还可以对动力、热传导、流变、固流耦合等问题进行分析。

PFC2D/ PFC3D 也是 ITASCA 咨询集团公司开发的二维/三维颗粒流程序。它利用离散元理论和显式差分算法来模拟球形/圆颗粒介质的运动及其相互作用（苏永红，2015）。它可以实现对推土板推土壤时的模拟，模拟仿真土壤介质流的运动过程。该软件最大的优势是具有灵活而强大的仿真环境，能通过软件提供的独立脚本语言建立边界模型，适用于土壤体的碎裂、地震反应和动态破坏等领域。

离散单元法的每一款软件针对的研究领域不同，FLAC2D/3D 软件主要应用于岩土工程研究，UDEC/3DEC 软件主要研究不规则形状块体单元（BAKER J L，2016），而 PFC2D/PFC3D 软件是颗粒流程序，主要研究圆盘形和球形离散单元的，并广泛应用于粉状颗粒工程和土壤动态行为学等领域（许自立，2017）。二维离散元的发展相对早些，技术更成熟些，并且在工程领域中得到了广泛应用，尤其是被广泛应用在粉磨过程中的介质运动建模中。

国内对于离散元仿真软件的开发起步较晚，目前有东北大学王泳嘉教授与北京软脑公司于 2000 年合作研发的支持土木工程设计的二维离散元分析系统 2D-Block（EBERHARDT E，2001），同时也出现了 TRUDEC、SUPER-DEM 等软件。

五、研究的主要内容

平煤器平煤技术已经广泛应用在煤矿、洗煤厂中，但目前由于平煤器刮板结构的问题，致使平煤的效果不佳，最后还得依靠人工辅助平煤，不仅浪费时间和人力，效率低，而且人工平煤具有平煤的一致性差的问题。所以本课题研究的目的是对刮板的结构进行优化，利用离散元 PFC3D 软件对平煤刮板推刮煤颗粒的过程进行运动仿真，通过分析比较出平煤效果较好的刮板形状。主要包括以下内容。

（1）系统学习 PFC3D 软件，分析以圆盘形或球形煤颗粒为基本单元的离散单元法基本原理，研究使用 PFC3D 解决平煤刮板平煤动态行为模拟的一般步骤。

（2）考虑现实煤颗粒中毛管水形成的不连续液桥对煤颗粒之间相互作用，对离散元颗粒的参数进行确定，并建立准确反映煤颗粒细观力学结构的离散元煤颗粒接触力学模型，并研究离散元细观模拟煤颗粒的生成策略。

（3）根据二次曲线具有连续光滑的数学特性，确定出几种异型面的数学模型。为便于在仿真中改变刮板的形状，本书用一排圆球形颗粒来组成颗粒墙，并用编程实现颗粒墙的形状改变来对刮板进行几何建模，即确定出不同形状的刮板模型。

（4）采用三维离散元法建立了平煤器平煤的动力学模型，用编程实现刮板对厢体中煤颗粒介质群进行推刮，并对其运动过程进行了可视化仿真。最后根据离散元模拟刮板推刮煤颗粒的运动图、速度图和接触力场，分析比较出刮板形状对排煤顺畅情况的一般规律。

（5）根据 PFC3D 对 4 种刮板的模拟仿真结果，分析比较各种形状的排煤效果，总结出两种抛物线形的刮板平煤的效果明显比平面刮板好，最后确定刮板结构优化的方向。

第二章　三维离散元的基本原理

一、离散单元法基本原理

离散元法的基本原理（戚华庭，2015）就是把研究对象离散化，在一个离散化模型中生成颗粒集合体，其中的颗粒都是具有独立运动特性的"元"（element）或者"粒子"（particle）（李伟，1999）。对颗粒集合体运动学的研究，既可以把单独的某一个颗粒作为研究对象，也可以把一组颗粒作为研究对象，无论哪种研究方式，被标记的都是典型颗粒。离散化模型中的颗粒介质群的形状和运动位置发生的变化可通过每一个颗粒体的运动和位置的变化来进行描述。在离散元模型中，与颗粒接触的相邻的颗粒称为"邻居元"，某一颗粒的"邻居元"是随着外界物理环境的变化而不断发生变化的，颗粒与"邻居元"既相互接触又被迫分离，所以在离散元法的计算过程中，需要不断地根据邻居搜索判断颗粒与其他颗粒的接触分离情况，以便准确计算各种力的大小，颗粒体之间的相互作用力可以通过力和位移的关系得出。

不同于介质的连续算法，离散算法的优点（魏群，1991）有以下几点：首先离散元算法是研究大量的独立的颗粒体，所以计算速度非常快，程序运行也快；其次离散算法可根据程序的计算情况自行判断颗粒之间接触的断开和形成；最后离散元法中根据力—位移定律及颗粒之间的接触情况确定接触力，根据牛顿运动定律可知颗粒在力作用下的加速度和速度，所以离散元的模拟过程是交替使用力—位移定律和牛顿运动定律的过程，颗粒群的动态行为也可由此推断出。

二、三维离散元接触模型

在离散元模型中，以研究整个颗粒集合体的状态变化为目的，当模型的物理环境发生变化时，颗粒介质的运动和接触情况也发生变化，具体来说就是要求解颗粒介质之间及颗粒与墙壁内侧接触时相对位移、相对速度和相互接触力的关系及其大小。在平煤器平煤的运动过程中，有煤颗粒介质之间的接触和煤颗粒介质与刮板之间的接触这两种接触（在刮板平煤的过程中，煤颗粒也与厢体内壁接触，也属于第二种颗粒与面接触的方式），如图 2-1 所示。

图 2-1 中，颗粒之间的接触平面可由接触平面单位法向矢量 n 表示，法向矢量 n 的方向要与两颗粒介质的中心连线方向一致；对于颗粒介质与刮板的接触，法向矢量 n 的方向在颗粒介质中心到刮板的垂线方向上（苏永红，2016）。

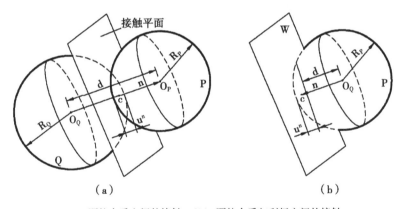

（a）颗粒介质之间的接触；（b）颗粒介质与刮板之间的接触

图 2-1　颗粒介质之间和颗粒介质与刮板之间的接触示意图

在离散元中，接触模型分为硬球模型和软球模型（齐阳，2015）。其中软球模型的原理是把两个颗粒球体空间接触时的相互作用，在接触点简化为弹簧、阻尼器和滑动摩擦器，并将接触力分解为法向分量和切向分量，如图 2-2 所示；该模型是根据 Mindlin & Deresiewich 和 Cundall 理论近似得出的一种非线性接触模型，所以这种模型建立的接触力和接触位移之间的关系都是非线性的；该模型颗粒间的接触力包含弹性力、阻尼力、滑动摩擦力，颗粒之间的相互作用是通过弹簧阻尼器和滑动摩擦器的形变所产生的力来体现。基于平煤器刮板推刮煤颗粒运动的非线性特点，选择软球非线性模型——Hertz-Mindlin 模型（ZHANG D，1999）建立颗粒介质间及颗粒介质与刮板的接触模型。

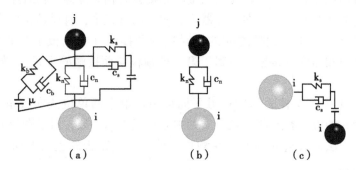

（a）颗粒接触简化模型；（b）法向接触简化模型；（c）切向接触简化模型

图 2-2　两球体的 DEM 接触模型

图 2-2 中，k_n、k_s、k_b 分别为介质的法向和切向刚度系数，c_n、c_s、c_b 分别为介质的法向和切向阻尼系数。

（一）法向接触力的计算

本书采用软球非线性模型来计算颗粒介质之间或颗粒介质与刮板壁的法向接触力（吴清松，2002）。由图 2-2（b）的法向接触简化模型可以看出，当介质 i 与 j（介质与介质或介质与刮板壁）接触时，在 t 时刻，介质 i 所受法向力 F_{jin}^t 由两部分组成，即法向弹性力 F_{nk}^t 和法向相对阻尼力 F_{nc}^t，则法向接触力的计算模型为：

$$F_{jin}^t = F_{nk}^t + F_{nc}^t = -k_n\delta^{\frac{3}{2}} - c_n v_n \tag{2-1}$$

式中，δ 为接触两球体的法向叠合量（m），由 $\delta = r_i + r_j - L_{ij}$ 可以得出，其中 r_i、r_j 分别为介质 i 和介质 j 的半径，L_{ij} 接触两球体的球心距，c_s、c_n 分别为法向刚度系数和阻尼系数：

$$k_n = \left(\frac{2E_{ij}\sqrt{2r_{ij}}}{3(1-v_{ij})}\right)\sqrt{\delta} \tag{2-2}$$

$$c_n = \frac{-2Ine\sqrt{m_{ij}k_n}}{\sqrt{\pi^2 + In^2e}} \qquad (2-3)$$

式中，v_i、v_j 分别为介质 i、j 的泊松比；E_i、E_j 分别为介质 i、j 的弹性模量（GPa）；e 为碰撞恢复系数；m_{ij} 为介质 i、j 的当量质量，$m_{ij} = \frac{m_i m_j}{m_i + m_j}$（$m_i$、$m_j$ 为介质质量）。

当两个介质发生接触时：

$$r_{ij} = \frac{2r_i r_j}{r_i + r_j} \qquad E_{ij} = \frac{1}{2}(E_i + E_j) \qquad v_{ij} = \frac{1}{2}(v_i + v_j) \qquad (2-4)$$

当介质与刮板之间的接触时：

$$r_{ij} = r_i \qquad E_{ij} = E_i \qquad v_{ij} = v_i \qquad (2-5)$$

（二）切向接触力的计算

在刮板与颗粒之间相互作用时，不仅有推力作用，还有切向运动的摩擦力，由于摩擦力的存在不是一个连续的过程，因此介质 i 与 j（介质与介质或介质与刮板壁）接触时切向力的计算采用增量形式，并须根据摩擦力对切向力进行修正。由图 2-2（c）切向接触简化模型得出，在时步 Δt 内，切向力计算模型分别为：

$$F_{jis}^t = F_{jis}^{(t-\Delta t)} - k_s \Delta s - c_s \frac{\Delta s}{\Delta t} \qquad (2-6)$$

$$F_{jib}^t = F_{jib}^{(t-\Delta t)} - k_b \Delta b - c_b \frac{\Delta b}{\Delta t} \qquad (2-7)$$

式中，$F_{jis}^{(t-\Delta t)}$、$F_{jib}^{(t-\Delta t)}$ 分别为介质在局部坐标系 s 轴、b 轴方向上的切向力（N）；（局部坐标系 w-nsb 是为了局部求解接触颗粒之间的运动情况。）k_s、k_b、c_s、c_b 分别为切向刚度系数和阻尼系数，取为 $k_s = k_b = \left(\frac{2\,(E_{ij}3(1-v_{ij})\,r_{ij})^{\frac{1}{3}}}{2-v_{ij}}\right)|F_{jin}|^{\frac{1}{3}}$，$c_s = c_b = \frac{-2Ine\sqrt{m_{ij}k_n}}{\sqrt{\pi^2 + In^2e}}$。

如果 $\sqrt{F_{jis}^2 + F_{jib}^2} > |F_{jin}|\mu$，表示两颗粒介质之间产生滑动，此时切向力须按摩擦力修正，修正后为：

$$F_{jis} = |F_{jin}|\mu F_{jis} / \sqrt{F_{jis}^2 + F_{jib}^2} \qquad (2-8)$$

可用同样的方法求 F_{jib}。

当然，接触颗粒间的切向力与法向力还应满足库仑—莫尔准则：

$$|F_{jis}| \leqslant |C+F_{jin}\tan\varphi| \tag{2-9}$$

式中，C 为两接触单元之间的黏结力（N）；φ 为摩擦角。

当 $|F_{jis}| > |C+F_{jin}\tan\varphi|$，表示单元之间产生滑动，此时切向力取极限值 $|F_{jis}| = |C+F_{jin}\tan\varphi|$，继续满足库仑—莫尔准则。

三、离散元的计算模型

（一）单元的计算过程

对于厢体平煤过程的模拟仿真，煤颗粒被定义为散粒群体，对于任一个颗粒 i，关于它在 t 时刻的转动和平动情况，若以 X 方向的位移为例，根据牛顿第二定律进行描述如下（考虑颗粒的质量阻尼）：

$$\ddot{X}_i^{(t)} m_i + \alpha m_i \dot{X}_i^{(t)} = F_{X_i}^{(t)} \tag{2-10}$$

式中，$\dot{X}_i$ 为颗粒 i 在时刻 t 的 X 方向的速度；$\ddot{X}_i^{(t)}$ 为颗粒 i 在时刻 t 时 X 方向的加速度；$F_{X_i}^{(t)} i$ 为时刻 t 时所受的合力在 X 方向的分量；α 为质量阻尼系数。

对 $\dot{X}_i^{(t)}$ 和 $\ddot{X}_i^{(t)}$ 两式分别进行差分，得到下面两式：

$$\dot{X}_i^{(t)} = \frac{X_i^{\left(t+\frac{\Delta t}{2}\right)} - X_i^{\left(t-\frac{\Delta t}{2}\right)}}{\Delta t} \qquad i=1,2,\cdots,n \tag{2-11}$$

$$\ddot{X}_i^{(t)} = \frac{\dot{X}_i^{\left(t+\frac{\Delta t}{2}\right)} - \dot{X}_i^{\left(t-\frac{\Delta t}{2}\right)}}{\Delta t} \qquad i=1,2,\cdots,n \tag{2-12}$$

上面两式中 $\dot{X}_i^{\left(t+\frac{\Delta t}{2}\right)}$、$\dot{X}_i^{\left(t-\frac{\Delta t}{2}\right)}$ 分别为颗粒 i 在时刻 $t+\frac{\Delta t}{2}$ 和时刻 $t-\frac{\Delta t}{2}$ 时 X 方向的速度；Δt 为时步间隔，联立上面三式求解得到：

$$\dot{X}_i^{\left(t+\frac{\Delta t}{2}\right)} = \left[\dot{X}_i^{\left(t-\frac{\Delta t}{2}\right)}\left(1-\frac{\alpha\Delta t}{2}\right) + \frac{F_{X_i}^{(t)}}{m_i}\right] \Bigg/ \left(1+\frac{\alpha\Delta t}{2}\right) \tag{2-13}$$

进一步对 $\dot{X}_i^{\left(t+\frac{\Delta t}{2}\right)}$ 进行中心差分可得：

$$\dot{X}_i^{\left(t+\frac{\Delta t}{2}\right)} = \frac{X_i^{(t+\Delta t)} - X_i^{(t)}}{\Delta t} \tag{2-14}$$

式中，$X_i^{(t+\Delta t)}$、$X_i^{(t)}$ 分别为颗粒 i 在时刻 $t+\Delta t$ 和时刻 t 时 X 方向的位移，对上式进行调整可得：

$$X_i^{(t+\Delta t)} = X_i^{(t)} + X_i^{\left(t+\frac{\Delta t}{2}\right)} \Delta t \qquad (2-15)$$

对于颗粒在 Y 方向位移和角位移有类似的公式：

$$\begin{cases} \dot{Y}_i^{\left(t+\frac{\Delta t}{2}\right)} = \dfrac{\left[\dot{Y}_i^{\left(t-\frac{\Delta t}{2}\right)} \left(1-\dfrac{\alpha\Delta t}{2}\right) + \left(\dfrac{F_{Y_i}^{(t)}}{m_i}-g\right)\Delta t \right]}{\left(1-\dfrac{\alpha\Delta t}{2}\right)} \\[4mm] \dot{\theta}_i^{\left(t+\frac{\Delta t}{2}\right)} = \dfrac{\left[\dot{\theta}_i^{\left(t-\frac{\Delta t}{2}\right)} \left(1-\dfrac{\alpha\Delta t}{2}\right) + \dfrac{M_{Y_i}^{(t)}}{I_i}\Delta t \right]}{\left(1-\dfrac{\alpha\Delta t}{2}\right)} \end{cases} \qquad (2-16)$$

式中，g 为重力加速度，计算时本书取 $g = 9.8ms^{-2}$；I_i 为颗粒 i 绕接触圆弧中心的转动惯量；$\dot{Y}_i^{\left(t+\frac{\Delta t}{2}\right)}$、$\dot{Y}_i^{\left(t-\frac{\Delta t}{2}\right)}$ 分别为颗粒 i 在时刻 $t+\dfrac{\Delta t}{2}$ 和时刻 $t-\dfrac{\Delta t}{2}$ 时 Y 方向的速度；$\dot{\theta}_i^{\left(t+\frac{\Delta t}{2}\right)}$、$\dot{\theta}_i^{\left(t-\frac{\Delta t}{2}\right)}$、$\dot{Y}_i^{\left(t-\frac{\Delta t}{2}\right)}$ 分别为颗粒 i 在时刻 $t+\dfrac{\Delta t}{2}$ 和时刻 $t-\dfrac{\Delta t}{2}$ 时的角速度。同理有：

$$\begin{cases} Y_i^{(t+\Delta t)} = Y_i^{(t)} + \dot{Y}_i^{(t+\Delta t/2)} \Delta t \\[2mm] \theta_i^{(t+\Delta t)} = \theta_i^{(t)} + \dot{\theta}_i^{(t+\Delta t/2)} \Delta t \end{cases} \qquad (2-17)$$

式中，$Y_i^{(t+\Delta t)}$、$Y_i^{(t)}$ 分别为颗粒 i 在时刻 $t+\Delta t$ 和时刻 t 时 Y 方向的位移；$\dot{\theta}_i^{(t+\Delta t)}$、$\dot{\theta}_i^{(t)}$ 分别为颗粒 i 在时刻 $t+\Delta t$ 和时刻 t 时的转角。

（二）时步的计算过程

对于一个刚度系数为 k 的弹性系统，若颗粒体具有质量 m，其位移 X 的运动方程可以表达为：

$$X^{(t+\Delta t)} + \left[\left(\dfrac{k}{m}\right)(\Delta t^2-2) \right] X^{(t)} + X^{(t-\Delta t)} = 0 \qquad (2-18)$$

若使上式差分方程能够获得稳定解，在选择尽可能大的时步前提下，尚须满足如下条件：

$$\Delta t \leqslant 2\sqrt{\frac{m}{k}} \qquad (2-19)$$

对于颗粒系统，它是由许多刚度系数 k 不同和质量 m 不同的块体构成，只有选取不同 $\frac{m}{k}$ 的最小值，才能确定 Δt 的最大可能值。通过上式得出的时步，一般再乘以 10%的折减系数即可以在计算中应用。

四、介质运动的动力学计算

（一）介质的运动方程

描述介质运动的基本方程有：牛顿运动方程、本构方程—力和位移方程（ZHANG D，1999）。牛顿第二定律用于确定介质在力的作用下的速度和加速度；力—位移定律用于确定颗粒介质由于运动引起的接触力变化。每个介质的运动方程由牛顿第二定律和力—位移定律共同得到，本书在建立介质的动力学模型时，暂不考虑热能传输交换过程。

在离散元中，在给定的区域内每个介质的运动分为平动和转动两种运动形式。煤颗粒介质在刮板的作用过程中在 x、y、z 轴的运动方程为：

$$m_i \frac{\partial^2 x_i}{\partial t^2} = F_{ix} = F_{jix} + F_{Tix} \qquad (2-20)$$

$$m_i \frac{\partial^2 y_i}{\partial t^2} = F_{iy} = F_{jiy} + F_{Tiy} \qquad (2-21)$$

$$m_i \frac{\partial^2 z_i}{\partial t^2} = F_{iz} = F_{jiz} + F_{Tiz} + mg \qquad (2-22)$$

式中：x_i、y_i、z_i 分别为 t 时刻介质 i 位移（m）；F_{jix}、F_{jiy}、F_{jiz} 分别为 t 时刻介质 i 在 x、y、z 轴的接触力分力；F_{Tix}、F_{Tiy}、F_{Tiz} 分别为 t 时刻介质 i 在 x、y、z 轴的推力分力，而推力的大小由分析过程来定。

求解任意时刻颗粒介质的位移、速度等运动量，只要对公式（2-20）至（2-22）沿时间积分即可。

（二）求解方法

上部分得出介质的各种运动方程，其解决方法就是循环使用牛顿第二定律和力—位移定律。已知介质 i 在时刻 t 的位移分别是 x_i、y_i、z_i，此时与介质 j 接触，经过 Δt 时间后，两个介质在 x、y、z 轴方向的直线位移增量分别为：

$$\Delta x_i = \bar{x}_i \Delta t \qquad \Delta y_i = \bar{y}_i \Delta t \qquad \Delta z_i = \bar{z}_i \Delta t \qquad (2-23)$$

$$\Delta x_j = \bar{x}_j \Delta t \qquad \Delta y_j = \bar{y}_j \Delta t \qquad \Delta z_j = \bar{z}_j \Delta t \qquad (2-24)$$

式中：Δx_i，Δy_i，Δz_i、Δx_j，Δy_j，Δz_j 分别为介质 i 和 j 沿 x、y、z 轴方向的直线位移增量（m）；$\bar{x}_i$，$\bar{y}_i$，$\bar{z}_i$、$\bar{x}_j$，$\bar{y}_j$，$\bar{z}_j$ 分别为介质 i 和 j 的速度（m/s）。对式（2-23）和（2-24）中 t 时刻的加速度进行一阶中心差分可得：

$$\begin{bmatrix} \dfrac{\partial^2 x_i}{\partial t^2} \\[2mm] \dfrac{\partial^2 y_i}{\partial t^2} \\[2mm] \dfrac{\partial^2 z_i}{\partial t^2} \end{bmatrix} = \left(\begin{bmatrix} \dfrac{\partial x_i}{\partial(t+\Delta t/2)} \\[2mm] \dfrac{\partial y_i}{\partial(t+\Delta t/2)} \\[2mm] \dfrac{\partial z_i}{\partial(t+\Delta t/2)} \end{bmatrix} - \begin{bmatrix} \dfrac{\partial x_i}{\partial(t-\Delta t/2)} \\[2mm] \dfrac{\partial y_i}{\partial(t-\Delta t/2)} \\[2mm] \dfrac{\partial z_i}{\partial(t-\Delta t/2)} \end{bmatrix} \right) \times \dfrac{1}{\Delta t} \qquad (2-25)$$

将公式（2-20）~（2-22）代入得：

$$\begin{bmatrix} \dfrac{\partial x_i}{\partial(t+\Delta t/2)} \\[2mm] \dfrac{\partial y_i}{\partial(t+\Delta t/2)} \\[2mm] \dfrac{\partial z_i}{\partial(t+\Delta t/2)} \end{bmatrix} = \begin{bmatrix} \dfrac{\partial x_i}{\partial(t-\Delta t/2)} \\[2mm] \dfrac{\partial y_i}{\partial(t-\Delta t/2)} \\[2mm] \dfrac{\partial z_i}{\partial(t-\Delta t/2)} \end{bmatrix} + \dfrac{\Delta t}{m} \begin{bmatrix} F_{ix}^{(t)} \\[2mm] F_{iy}^{(t)} \\[2mm] F_{iz}^{(t)} \end{bmatrix} \qquad (2-26)$$

因此，$t+\Delta t$ 时刻介质 i 的位置为：

$$\begin{bmatrix} x_i^{(t+\Delta t)} \\[2mm] y_i^{(t+\Delta t)} \\[2mm] z_i^{(t+\Delta t)} \end{bmatrix} = \begin{bmatrix} x_i^{(t)} \\[2mm] y_i^{(t)} \\[2mm] z_i^{(t)} \end{bmatrix} + \begin{bmatrix} x_i^{(t+\Delta t/2)} \\[2mm] y_i^{(t+\Delta t/2)} \\[2mm] z_i^{(t+\Delta t/2)} \end{bmatrix} \Delta t \qquad (2-27)$$

式（2-27）是对 Δt 时间颗粒内运动位置的数学判断，由此可以获得研究颗粒的运动情况。

五、本章小结

本章介绍了接触模型及动力学模型，并且详细分析了颗粒接触力、位移、速度等的计算方法。阐述了采用三维颗粒流软件 PFC3D 来模拟仿真平煤器刮板推刮煤颗粒的运动过程，不仅可以从宏观上观察颗粒的运动情况，而且可以在微观方面观察到颗粒的速度矢量图，仿真效果会非常明显。

第三章　基于 PFC3D 平煤装置的建模与平衡分析

采用 PFC3D 离散元软件对平煤装置及其平煤效果进行仿真和分析需要生成车厢厢体模型和煤颗粒仿真模型，并要求在一个平衡的离散元车厢模型中进行。离散元仿真模拟煤颗粒的生成需要通过使用 PFC3D 中 "GENER-ATE"命令建立初始煤颗粒集合体；使用 PFC3D 软件中的 "HISTORY"命令来追踪分析模型的平衡状态，以确定煤颗粒集合体是否达到平衡和稳定状态，并最终获得煤颗粒集合体。

一、煤颗粒介质和厢体几何模型

颗粒流程序方法中颗粒有多种几何模型，但是针对不同的研究目的，选择散体颗粒的分析模型也不同。在平煤刮板推刮煤颗粒中，车厢中煤颗粒的几何形状各异，本书以方便研究分析为目的，采用的几何模型是离散元法中最具代表性、最简单的三维圆球体颗粒，建立起平煤装置中煤颗粒介质群的微观动力学模型。采用三维离散元方法模拟平煤刮板推刮煤颗粒的运动过程时，首先要建立煤颗粒介质和厢体的几何模型，其中长方形厢体是煤颗粒介质运动的边界。

（一）煤颗粒介质几何模型

在离散单元法的研究中，有很多不同的颗粒几何模型，最简单的颗粒模型是一维线形颗粒，这种模型使用比较少；在二维颗粒流软件 PFC2D 中常用的颗粒几何模型主要是二维圆盘形颗粒、椭圆形颗粒等；而三维颗粒流软件 PFC3D 一般常用的有三维圆球形颗粒、椭球形颗粒、超球形颗粒、多面体形几何模型，其中以圆球形颗粒模型使用最多；另外还有颗粒组合元模型

（付宏，2005）。如图3-1所示，分别为块体元、颗粒元、组合元的三维几何形状。

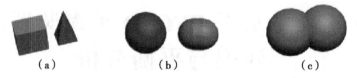

（a）块体元；（b）颗粒元；（c）组合元

图3-1　离散元颗粒几何模型

在平煤器刮板推刮煤的过程中，煤有独立的颗粒，也有由于煤中的水分使煤有聚成的块体，但本书中采用最常用也最简单的三维球体颗粒几何模型作为研究对象，并把厢体中的煤颗粒介质群理想化为拥有相同的半径大小，而用这样的煤颗粒介质群来理想化现实中煤，这样做也能够分析比较出刮板形状对排煤顺畅情况的一般规律，仿真结果可以达到分析目的。实际上，对于精煤来说，煤颗粒相对比较均匀，可以用理想化的煤颗粒代替实际的煤颗粒进行仿真分析。

（二）厢体几何模型

在平煤刮板推刮煤的过程中，厢体不仅是煤颗粒介质的载体，而且在分析的过程中也是煤颗粒的边界，因此建立厢体几何模型是研究介质运动的前提。到目前为止，离散元法的边界建模（王燕民，2003）方法主要有3种。

坐标建模。即PFC3D中墙的坐标生成法，其命令格式 wall id＝i face（x，y，z）（x，y，z）（x，y，z）（x，y，z），此方法只是针对简单的边界建模时使用。

颗粒堆积。这是一种比较粗糙的生成法（田耘，2019），主要原则就是用颗粒排列来表示粗糙的壁，如可以用这种方法堆积生成超临速球磨机内部的导向板。而本书第四章将要建立各种形状的刮板的几何模型也是用颗粒堆积的方法来完成，虽然说计算量较大，但相对于用别的方法的繁琐和编程的复杂，颗粒堆积法的思路就显得非常简单，但是在编程时要注意组成刮板墙的颗粒类型必须与煤颗粒类型一致，详请见第四章。

函数建模。在离散单元法中，边界还可以用离散或连续的数学函数表示，这种方法主要是用于建立复杂的边界模型，如 Kaneko 等（田耘，2019）就采用连续函数的方法建立螺旋搅拌器刀刃形成的复杂边界，实现了复杂三维螺旋圆筒搅拌器中颗粒流的离散元模拟（ZHANG R，2004）。

由于火车车皮是无盖长方体结构简单，所以本书运用"wall"命令即可建立一个无盖的长方体厢体边界几何模型，这里我们定义的厢体范围是长度方向 35mm，宽度 20mm，高度 8mm，具体程序如下：

wall id=1 face(0,0,0)(35,0,0)(35,0 -8)(0,0,-8)

wall id=2 face(0,0,0)(0,0,-8)(0,20,-8)(0,20,0)

wall id=3 face(35,0,-8)(35,0,0)(35,20,0)(35,20,-8)

wall id=4 face(35,20,-8)(35,20,0)(0,20,0)(0,20,-8)

wall id=5 face(0,0,-8)(35,0,-8)(35,20,-8)(0,20,-8)

厢体几何模型如图 3-2 所示。

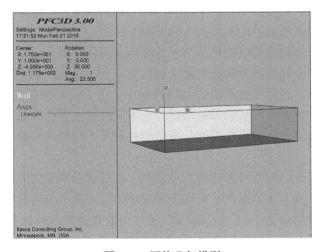

图 3-2　厢体几何模型

二、初始煤颗粒集合体的生成

在已知的空间区域生成规定空隙度的颗粒的方法有很多种，但若是生成具有形状半径都一样的颗粒，则方法就唯一了。根据当前的颗粒生成的研究现状，主要有以下 3 种方法（张锐，2003）。

第一，颗粒排斥法，目前大部分研究都要求生成的颗粒集合体按照一定的规则紧密排列，或填充在给定形状的区域中，用这种方法生成颗粒集合体一般都是使用一系列的规则和数学算法，即在颗粒半径的上下限之间随即生成颗粒半径，并随即生成球心坐标，在 FISH 函数的循环体中采用 "BALL" 命令不断创建颗粒，直至得到所要的孔隙比。"BALL" 命令允许颗粒发生重叠，以至于当重叠部分比颗粒半径还大的时候，其初始速度很大，甚至有些颗粒会穿过边界墙体飞出。但这种方法主要有两方面的缺点：一是对颗粒集合体施加力的作用时，原来集合体维系的平衡状态可能遭到破坏。二是系统无法保证新生成的颗粒集合体与原来的集合体的各向同性和分布均匀性（张锐，2005）。

第二，移动边界法，为了使生成的颗粒集合体具有给定的孔隙度且能够排列紧密，通常还使用变更位置坐标从而移动边界墙的手段，这种方法至少存在 3 个缺点：一是由于变更了边界墙的坐标使得墙移动到新的位置，这样必然破坏了原来的边界的几何大小和形状。二是由于软件自身的不稳定性，在移动墙时产生的扰动直接从墙边界传送到几何体的中心，波及整个颗粒集合体的稳定性，这样计算机在追踪平衡的命令下，系统收敛到平衡状态的速度会变得很慢。三是在边界墙的移动过程中，由于受到压缩的程度不一样，整个颗粒集合体系统的不同部分是以完全不同的速度进行压缩的，这样在移动完毕后颗粒集合体的内部紧密分布状态将趋于不均匀化，影响后续分析的准确性。

第三，鉴于以上两种方法的不足之处，本书使用半径放大法来生成颗粒集合体。半径放大法的原则是首先按照程序的设定值生成具有较小半径值的颗粒，然后使用命令 "ini rad mul m"（m 为放大的倍数）来扩大所有已生成的颗粒半径，最后使颗粒自由运动（一般在重力的作用下）最终使系统处于平衡状态。图 3-3 为半径放大法的流程图。使用这种方法有 3 点优势：一是半径扩大法直接改变是颗粒的半径，从而能够保持边界墙的尺寸和形状不变。二是半径扩大后所有颗粒具有各向同性和分布均匀化的特点。三是缩短系统达到平衡所需要的时间，主要是因为所有颗粒半径都扩大相同的倍数，所以它们受到力的作用后能产生均匀的变化。半径放大法虽然使得原先设定的颗粒半径值发生了变化，但是可以通过提前预算予以克服，不会影响到后续工作的准确性，如何让预先计算，下文中将会详细介绍。

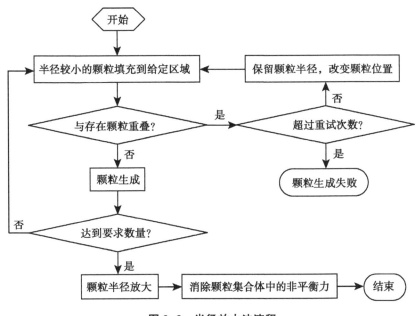

图 3-3　半径放大法流程

颗粒流程序 PFC 软件无论 2D 或 3D 都是使用 BALL 和 GENERATE 两个命令生成颗粒。"BALL"的命令格式是"ball rad v id i x v y v z v"，其中 rad 是要生成的颗粒的半径，*id* 表示生成的颗粒的数量，x、y、z 分别是生成的颗粒的三轴坐标，*v* 是各个变量的取值。"BALL"命令一次只能生成一个颗粒，且由于"BALL"命令不能识别已经生成的颗粒所以允许新生成的颗粒和已存在颗粒发生重叠。重叠后的颗粒可以在"CYCLE"命令循环下，使得重叠量产生排斥力，最终将重叠接触的颗粒分开，这样使用"BALL"命令生成的颗粒集合体也能达到平衡状态。当要求生成的颗粒集合体的数目比较少时，且集合体中各个颗粒的性质区别比较大时，一般使用"BALL"命令来追踪研究其中某一个颗粒的运动规律（张锐，2005）。

与"BALL"命令生成颗粒的意义不同，"GENERATE"命令用来生成大量的颗粒，本书选择"GENERATE"命令来生成大量的煤颗粒。它的命令格式是"gen id v1 v2, rad v1 v2, x v1 v2, y v1 v2, z v1 v2"，其中所有的参数都有 v1 和 v2 值，表明该命令产生的是在一定区域的一定数量的颗粒集合体，使颗粒按照程序的设定值进行结构分布。

"GENERATE" 命令具有识别生成颗粒的功能，所以每生成一个新颗粒时，系统先进行重叠性的判断，若先后生成的颗粒有重叠，则后生成的颗粒无效。但是系统重新生成颗粒的次数不能超过系统的默认值，否则模拟失败。"GENERATE" 命令提供了 "tries" 关键字来对重试的次数进行设定，格式为 "tries v"，v 为重试的次数，本书设置 "tries" 为 30 000。

本书中要在厢体中生成 3 300 个煤颗粒并最终达到平衡状态，方法是先在厢体内生成 3 300 个半径值较小的煤颗粒，然后通过半径放大法的命令 "ini rad mul m" 使得所有的颗粒都放大到原来设定的值，最后可通过循环使得颗粒在重力的作用下，自由运动消除煤颗粒集合体内部的不平衡应力最终达到平衡状态。PFC3D 提供了如何在一定体积内生成给定的孔隙度和半径且均匀分布的颗粒的计算方法：

假设给定空间的体积为 V，则填充在给定体积 V 内的颗粒集合体的孔隙度 n 被定义为：

$$n = 1 - V_p/V \qquad V_P = \sum \frac{4}{3}\pi R^3 \qquad (3-1)$$

式中，R 为颗粒半径；V_P 为所有颗粒的体积之和；$\sum$ 表示对所有颗粒体积相加求和。

根据（3-1）式可得：

$$\sum R^3 = 3V(1-n)/4\pi \qquad (3-2)$$

根据半径扩大法的原则，本书首先生成小半径值的颗粒，之后再通过乘以放大倍数使得半径扩大到最终半径值。对式（3-2）整理得：

$$\frac{\sum R^3}{\sum R_o^3} = \frac{1-n}{1-n_o} \qquad (3-3)$$

式中，R、R_o 分别为最终颗粒半径和初始颗粒半径；n、n_o 分别为最终颗粒集合体孔隙度和初始颗粒集合体孔隙度。

设所有颗粒半径扩大倍数为 m，将 $R=mR_o$ 代入式（3-3），可得：

$$m = \left(\frac{1-n}{1-n_o}\right)^{\frac{1}{3}} \qquad (3-4)$$

这样通过式（3-4）就可以得到颗粒的放大倍数。

若颗粒集合体的颗粒半径都是 $\bar{R}$，则这种颗粒集合体的总体积为

$\sum \dfrac{4}{3}\pi \overline{R}^3$，因为本课题中煤颗粒的特殊性，所以建模时可以把所有的煤颗粒都视为这种理想化的物理状态，所以有：

$$\sum R^3 = \sum \overline{R}^3 = N\overline{R}^3 \tag{3-5}$$

式中，N 为半径 $\overline{R}$ 颗粒的数目。

将式（3-5）代入式（3-2）可得：

$$N = \frac{3V(1-n)}{4\pi R^3} \qquad \overline{R} = \frac{R_{min}+R_{max}}{2} \tag{3-6}$$

式中，R_{min} 为最小颗粒半径；R_{max} 为最大颗粒半径。

在颗粒流仿真模拟中，关于颗粒几何体的生成按照以下 4 步完成（黄晚清，2006）：

第一步，计算颗粒的数目 N，可根据式（3-6）算出。

第二步，根据颗粒数目 N 和式（3-1）计算出初始颗粒集合体的孔隙度 n_o。

第三步，确定半径放大系数 m。

第四步，将所有颗粒扩大 m 倍，得到最终颗粒集合体。

以上总结出了煤颗粒集合体生成的方法，但颗粒的生成还需要注意厢体刚度的设置，即颗粒与下墙体及前后左右墙体的接触刚度同颗粒自身的法向刚度之比要适当，否则可能会出现颗粒在自由下落的过程中由于没有墙体的约束而溢出，做自由运动的现象，或穿透墙体而向四周飞散，导致平衡迭代发散，仿真失败。PFC3D 模型初始化如图 3-4 所示。

为实现颗粒的自然堆积，不对颗粒任何加载，让颗粒做自由落体运动。"set grav 0 0 -9.81"，在 z 轴的反方向添加重力加速度。颗粒在重力的作用下自由下落过程如图 3-5 所示。

下面是"颗粒堆积初始化.dat"文件的完整程序内容。

```
set disk on
wall id=1 face(0,0,0)(35,0,0)(35,0 -8)(0,0,-8)
wall id=2 face(0,0,0)(0,0,-8)(0,20,-8)(0,20,0)
wall id=3 face(35,0,-8)(35,0,0)(35,20,0)(35,20,-8)
wall id=4 face(35,20,-8)(35,20,0)(0,20,0)(0,20,-8)
wall id=5 face(0,0,-8)(35,0,-8)(35,20,-8)(0,20,-8)
```

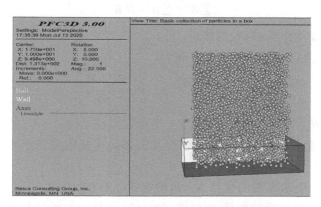

图 3-4　PFC3D 模型初始化-3 300 个颗粒

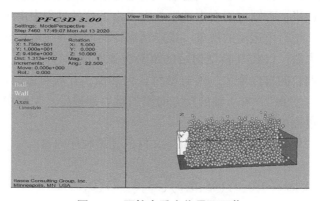

图 3-5　颗粒在重力作用下下落

```
gen id=1,3300 rad 0.45,0.45 x=3,32 y=2,18 z=-7,27
plot create moxing
plot set title text 'Basic collection of particles in a box'
plot add ball yellow
plot add wall white
plot add axes brown
wall id=1 kn=1e12 ks=1e12 fric 0.6
wall id=2 kn=1e12 ks=1e12 fric 0.6
wall id=3 kn=1e12 ks=1e12 fric 0.6
wall id=4 kn=1e12 ks=1e12 fric 0.6
wall id=5 kn=1e12 ks=1e12 fric 0.6
prop density600 kn 1e8 ks 1e8 fric 0.6
hist diag muf
hist diag mcf
set dt dscale
set grav 0 0 -9.81
cyc 100000
```

在重力作用下所有颗粒在程序循环16 520次后都下落到厢体内，如图3-6所示。

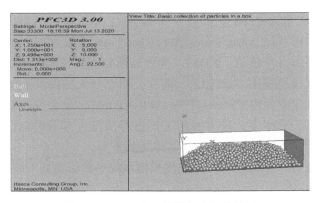

图3-6 3 300个颗粒堆积在厢体情况

三、平煤装置平衡系统的形成

生成初始煤颗粒集合体以后，为获得规定的空隙度，集合体里的所有煤颗粒半径都乘以放大倍数，然后通过"cycle"命令使煤颗粒集合体达到平衡状态。在 PFC 分析中，所建立的模拟系统需要所有颗粒所受的力处于平衡状态，并且要求所有颗粒均匀分布。为缩短模拟系统达到平衡状态的时间，程序循环前需要对模拟系统的物理参数进行设置，摩擦系数的存在增加了颗粒间及颗粒与厢体内壁的接触力，所以设置摩擦系数"fric = 0"；同时设置厢体内壁的切向刚度为零，即"wall ks = 0，fric = 0"。在 PFC3D 运行"cycle"期间，系统内部自动计算整个煤颗粒集合体所有颗粒的平均不平衡力和最大不平衡力，利用该软件中的"HISTORY"命令可以追踪分析模型的平衡状态，一般有两种方式来对系统状态进行判断：第一，循环结束后系统的平均不平衡力的值趋于零，系统的平均接触力的值趋于一个稳定值；第二，当 Av. unbal. force 与 Av. cont. force 比值，Max. unbal. force 与 Max. cont. force 比值接近 0.01 时，可以判断模拟系统达到平衡状态。

在 PFC3D 中，系统的平衡状态的达到可以使用 3 种循环命令分别是"CYCLE n""STEP n"或者"SOLVE"，n 为循环次数或时间步长数。当循环次数 n 比较大时必须使用"CYCLE"或者"STEP"命令，以使系统充分达到平衡状态或在重力作用下充分地平衡。而"SOLVE"命令则是不设定循环次数或时间步长数，由系统自由运行，当 Av. unbal. force：Av. cont. force 和 Max. unbal. force：Max. cont. force 近似为 0.01 时即达到平衡状态，程序结束（李艳洁，2005）。为使煤颗粒能够在厢体内达到充分的稳定状态，一方面要使用"CYCLE"命令，用充分大的循环 n 值不断地循环程序，另一方面要使用 PFC3D 中的"PRINT info"命令及时输出厢体内颗粒的接触力、不平衡力，及力的相关比值等信息。本书中在使用"CYCLE 100000"次后，厢体模拟系统已经基本达到平衡。

PFC3D 软件"Command"框输出模拟系统平衡信息如下所示：

Echo file：off

Echo file pfc3d. dat

Safe Mode：off

Warning Messages：on

Notice Messages：on

Gravity(0. 000e+000,0. 000e+000,−9. 810e+0. 00)

Safety Factor：8. 000e−001

Time Step：1. 000e+000

Density Scaling ：Active

Ball Extra Var：0

Wall Extra Var：0

Contact Extra Var：0

Clump Extra Var：0

Time：1. 000e+005

Default Time Step：1. 000e−006

Maximun Time Step：0. 000e+000

Dt Calc Interval：1

Pfc3d>print info

Cycle Display：

Generate Error：on

Static Mode：off

Total Cycles：100000

Est. max−balls：0

Actual balls：3300

Contacts(actual)：11990

Contacts(virtual)：17336

SOLVE ration：maximun

SOLVE mech. ration：3. 82e−002

Av. unbal. force：1. 370e+001

Av. cont. force：4. 051e+004

Av. Ration：3. 381e−004

Max. unbal. force：1. 027e+004

Max. cont. force：6. 654e+005

Max. Ration：1. 544e−002

Plot Update Int. ：20

Update tolerance：1. 250e−001

Thermal Option：not active

Hist. Update Rate：10

Hardcopy Selection：Windows Printer

Hardcopy Output：pfc3d

本书使用 PFC3D 中的"HISTORY diagnostic muf"和"HISTORY diagnostic mcf"命令来记录追踪平均不平衡力和平均接触力，分别如图 3-7 和图 3-8 所示。

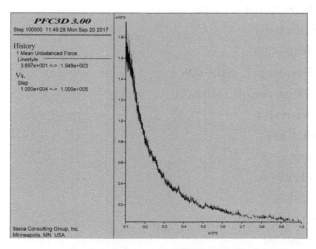

图 3-7　循环 10 000 次开始对平均不平衡力的记录

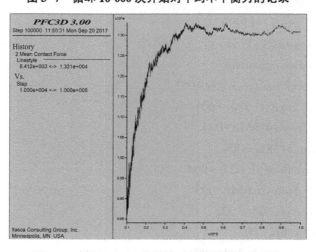

图 3-8　循环 10 000 次开始对平均接触力的记录

四、平煤装置煤颗粒集合体的生成

考虑现实煤颗粒之间具有黏性力和摩擦力，为使本模拟仿真更准确，需要在已生成的颗粒之间加入象征黏性力的并行约束和黏性阻尼，同时设置煤颗粒集合体中的所有煤颗粒的摩擦系数与现实中煤颗粒摩擦系数一样，这样完成了煤颗粒集合体的生成。程序循环 100 000 次后最终煤颗粒集合体达到平衡状态，煤颗粒集合体及其重力平衡状态下的接触力示意图分别如图 3-9、图 3-10 所示。

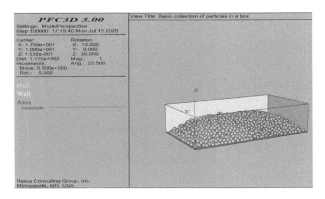

图 3-9　平衡时煤颗粒集合体

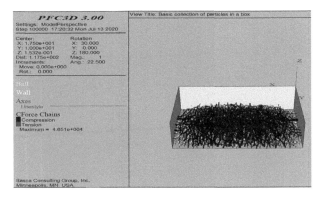

图 3-10　下落平衡时重力作用下的接触力

五、本章小结

本章首先分析了离散元煤颗粒和厢体的几何模型，并建立了厢体的仿真模型，然后分析了颗粒流程序 PFC3D 生成煤颗粒集合体的方法，并且建立系统初始模型，接着通过使用"CYCLE"命令形成煤颗粒集合体接触平衡状态和重力稳定状态，最后通过加入并行约束、黏性阻尼和摩擦系数生成最终煤颗粒集合体，为之后平煤装置的平煤过程提供了稳定的物理环境。

第四章　平煤装置刮板的 PFC3D 编程及建模分析

在平煤装置的平煤过程中，煤颗粒能否顺畅地被排到车厢的两侧空隙中，直接取决于刮板的几何形状，目前实践中使用较多的是外形简单的长方形刮板以及对其改进后的对称三角形焊接结构，这两种刮板的平煤效果不是太理想。根据高等数学二阶函数导数具有连续性的特征，试想将刮板几何形状进行异型面优化，并通过后续运动仿真来判断这种异型面刮板是否能够提高平煤器排煤的流畅性。本章首先对 4 种不同几何形状的刮板确定数学模型，再利用离散元软件 PFC3D 对 4 种刮板进行编程和几何建模，最终准确建立 4 种几何形状的刮板，为平煤器平煤的运动仿真建立模型基础。

一、PFC3D 软件简介

随着离散单元法的不断发展，Cundall 在 1979 年提出了一种新的离散元数值模拟技术——颗粒流程序（Particle Follow Code）。作为离散单元法的一种，PFC 主要研究圆盘形或圆球形结构的颗粒，并用来模拟颗粒介质之间的相互接触力、追踪颗粒的运动规律。结合牛顿定律在平面内或空间内平动和转动运动方程来确定每一时刻颗粒的位置和速度。作为研究颗粒介质动态行为的一种新技术，它可以生成典型数量的颗粒集合体来代表某一研究对象，通过仿真模拟来解决工程领域里的问题。

PFC3D 方法既可直接模拟圆形或球形颗粒的运动与相互作用问题，也可以模拟任意大小圆形或球形颗粒集合体的动态力学行为。PFC3D 中颗粒单元的直径可以是一定的，也可以按照一定的规律分布。初始颗粒集合体生成后，一般达不到所要求的孔隙度，所以可以利用 PFC 提供的半径扩大法使所有的颗粒半径扩大合理的倍数，使空隙度达到要求。同时 PFC 自带的编程语言，可以通过命令语句设置颗粒的坐标值，当颗粒位置需要变动时，直接修改坐标即可。使用颗粒流程序软件必须在模拟的过程中做如下假设。

（1）颗粒单元为刚性体。

（2）颗粒与颗粒之间的接触是点接触，防止颗粒接触过多和重叠过多。

（3）颗粒与颗粒之间的接触可以有一定的重叠量。

（4）相比颗粒的大小，颗粒间接触的重叠量视为很小。

（5）颗粒接触处设置特殊的接触强度。

（6）颗粒单元为圆盘形或球形。

作为一种新的数值模拟技术，PFC 软件不仅能够快速地搜索相邻颗粒单元，而且在解决具有较大变形的工程问题上有很明显的优势，所以这种颗粒流离散元软件在岩土工程、粉状颗粒工程和土壤动态行为学等领域得到了广泛应用。PFC 软件既可解决静态问题也可解决动态问题，很多课题的研究都需要大型的设备和外界环境，做室内试验不太现实，所以可以使用 PFC 进行模拟试验来得到相关的结论。比如在松散介质流动问题中，影响介质流不规律分布的因素很难定量描述；岩石工程与土体开挖问题的研究和设计方面，由于实践掌握的资料非常少，室内又无法完成测量，工程所涉及的初始接触应力和岩体的不连续性等问题也不能充分掌握，只能一知半解；所以这些情况都可以应用 PFC 来初步研究影响整个系统的一些参数的特性，对整个系统的特性有所了解后，就可以方便地设计模型模拟整个的过程。PFC 可以模拟颗粒间的相互作用问题、大变形问题、断裂问题等，它适用于以下领域。

（1）在槽、管、料斗、筒仓中的松散物体流动问题。

（2）矿区采空区中的岩体断裂、坍塌、破碎和流动问题。

（3）在铸造业中粉粒的压缩问题。

（4）由黏结粒子组成的物体的碰撞及其动态破坏问题。

（5）梁结构震动反应及破坏问题。

（6）颗粒材料的基本特性研究，如屈服、流动、体积变化等。

（7）固体的基本特性研究，如累积破坏与断裂问题。

本书主要研究的是在不同几何形状刮板的推力下的煤颗粒运动情况，使用 PFC3D 软件进行仿真分析的前提是把煤颗粒理想化为等半径的圆球，PFC3D 还提供了颗粒墙概念，利用这个概念可以将刮板的形状进行类似的推敲，进而进行结构的优化。这种分析方法不仅简化了程序而且仿真也很准确，最重要的是 PFC3D 软件可直接生成颗粒体系的三维图像，简化了可视化过程，使煤颗粒的运动仿真过程更加形象直观。

二、平煤装置刮板数学模型的确定

由于实践中平煤刮板的结构过于简单导致平煤效果不好，所以改善平煤器平煤的顺畅性主要是对平煤刮板结构进行优化。本书中对刮板结构的异型面优化主要使用的数学模型是抛物线，其数学函数方程、一阶导数、二阶导数方程分别如下：

$$y = ax^2 + bx + c \tag{4-1}$$

$$\frac{dy}{dx} = 2ax + b \tag{4-2}$$

$$\frac{d^2y}{dx^2} = 2a \tag{4-3}$$

式中，a、b、c 为抛物线方程的参数，当 a、b、c 取不同的参数值时得到不同的数学方程，进而确定不同的抛物线形异型面数学模型，其所述的抛物线方程的连续光滑流畅程度取决于参数 a 的大小（牛志刚，2010）。

本书中异型面刮板的数学模型主要有两种，一种是抛物线形刮板，另一种是对称抛物线形刮板，也可称为反面抛物线形刮板。根据数学极限理论，抛物线曲线的几何极限为直线，对称抛物线曲线的极限形状是一定角度的对称连接的折线，即为本书提及的对称三角形刮板的数学原型。由此考虑，本书将对 4 种形状的刮板分别进行建模和运动仿真，这四种刮板形状的几何描述分别为：长方形平面、对称三角形、抛物线形和反抛物线形。由此，本书定义出 4 种刮板的数学模型，其中第一种长方形平面刮板的数学模型最为简单。

在对刮板进行数学模型的建立时，应用 PFC3D 软件对厢体进行了建模，其几何尺寸是根据实践中火车车皮的实际尺寸比例来近似确定的，所以关于其他 3 种刮板形状的数学模型参数的确定也得对建好的厢体模型进行参考，同时参考实践中刮板的尺寸比例来确定出异型面刮板数学模型的各个参数。使用 PFC3D 对多组函数方程建模分析比较，最终确定以下 3 种方程作为本课题运动仿真的刮板的数学模型：

抛物线形刮板数学模型：$x = 0.0216y^2$。

对称抛物线形刮板数学模型：$x = -0.03125y^2$，$x = 0.0541y^2 - 1.1894y + 8.3621$。

对称三角形刮板数学模型：$x=0.2y-0.02$，$x=-0.2y+3.902$。

各种拟定刮板的数学模型确定完毕，就可根据 PFC3D 软件的相关理论，对各种刮板进行几何建模。本研究基于这些数学模型的刮板是对排煤趋势的一种模拟分析，并预期这种异型面的刮板向两侧排煤效果要比平面刮板顺畅。

三、平煤装置刮板的 PFC3D 编程及几何建模

（一）刮板建模的理论基础

用 PFC3D 软件来解决应用问题时，建立边界模型是实现处理任意复杂边界的基础。在平煤器刮板平煤的过程中，与煤颗粒介质发生接触作用的是刮板的表面，煤颗粒介质的动力学行为直接受到接触的刮板边界几何形状和运动的影响，因此，刮板的几何模型是研究介质运动的前提，它直接决定着平煤器排煤的顺畅性。

到目前为止，离散元法的边界建模方法主要有：函数建模法、颗粒堆积法、有限壁方法等，其中颗粒堆积法常用于生成表面要求精度不高但几何形状一致的边界模型。本研究旨在建立几种异型刮板，鉴于异型面刮板数学模型的具有函数的二次性，若用 PFC3D 内部自带的 FISH 语言编程，即用函数建模法，程序的编制非常麻烦，而本书研究的目的是刮板形状的异型改变是否能提高平煤器排煤的顺畅性，并不需要刮板几何模型的表面精度有多高，只是要求形状上趋于异型面，所以用颗粒堆积法来粗糙地建立异型面刮板几何模型，亦可以达到仿真的效果，以抛物线形刮板为例，其具体建模步骤如下。

步骤一，确定抛物线函数方程及刮板颗粒组第一个颗粒的坐标，并定义颗粒的半径。

步骤二，根据圆锥曲线点在曲线上的定义以及两个相切圆满足的几何条件确定出一个二元二次方程组。

步骤三，使用 MATLAB 软件对方程组进行求解，筛选满足条件的一组解，即为颗粒组的第二个点的坐标，以此类推得出刮板颗粒组的其他解。

步骤四，使用 PFC3D 中颗粒（BALL）命令以及步骤三得到的颗粒坐标值生成颗粒组刮板，即得到了满足该抛物线轨迹的颗粒墙刮板形状。

步骤五，由于初始生成的颗粒墙刮板，只是在形状上得到形似的逼近，

但颗粒之间因为没有黏性力，所以还不能作为一个完整的刮板。利用 PFC3D 中的 Raft 命令将所有的颗粒组合成一个整体，再使用"property pb_ s=1e45 pb_ n=1e45 range Raft"程序命令修改颗粒之间的黏性力，使颗粒组中所有的颗粒彼此黏结在一起，作为一个完整的刮板。

本书将对 4 种不同形状的刮板进行建模，分别为长方形平面刮板、对称三角形刮板、正面抛物线形刮板以及反抛物线形刮板。

（二）　长方形平面刮板的 PFC3D 编程及几何建模

根据上一小节所描述的建模步骤，分别对四种不同形状的刮板进行 PFC3D 编程及几何建模，长方形平面刮板建模的 PFC3D 编程如下。

ball rad 0. 5 id=5001 x=0. 5 y=2. 5 z=−0. 5
ball rad 0. 5 id=5002 x=0. 5 y=3. 5 z=−0. 5
ball rad 0. 5 id=5003 x=0. 5 y=4. 5 z=−0. 5
ball rad 0. 5 id=5004 x=0. 5 y=5. 5 z=−0. 5
ball rad 0. 5 id=5005 x=0. 5 y=6. 5 z=−0. 5
ball rad 0. 5 id=5006 x=0. 5 y=7. 5 z=−0. 5
ball rad 0. 5 id=5007 x=0. 5 y=8. 5 z=−0. 5
ball rad 0. 5 id=5008 x=0. 5 y=9. 5 z=−0. 5
ball rad 0. 5 id=5009 x=0. 5 y=10. 5 z=−0. 5
ball rad 0. 5 id=5010 x=0. 5 y=11. 5 z=−0. 5
ball rad 0. 5 id=5011 x=0. 5 y=12. 5 z=−0. 5
ball rad 0. 5 id=5012 x=0. 5 y=13. 5 z=−0. 5
ball rad 0. 5 id=5013 x=0. 5 y=14. 5 z=−0. 5
ball rad 0. 5 id=5014 x=0. 5 y=15. 5 z=−0. 5
ball rad 0. 5 id=5015 x=0. 5 y=16. 5 z=−0. 5
ball rad 0. 5 id=5016 x=0. 5 y=17. 5 z=−0. 5
ball rad 0. 5 id=5017 x=0. 5 y=17. 5 z=−1. 5
ball rad 0. 5 id=5018 x=0. 5 y=16. 5 z=−1. 5
ball rad 0. 5 id=5019 x=0. 5 y=15. 5 z=−1. 5
ball rad 0. 5 id=5020 x=0. 5 y=14. 5 z=−1. 5
ball rad 0. 5 id=5021 x=0. 5 y=13. 5 z=−1. 5
ball rad 0. 5 id=5022 x=0. 5 y=12. 5 z=−1. 5

ball rad 0. 5 id=5023 x=0. 5 y=11. 5 z=−1. 5

ball rad 0. 5 id=5024 x=0. 5 y=10. 5 z=−1. 5

ball rad 0. 5 id=5025 x=0. 5 y=9. 5 z=−1. 5

ball rad 0. 5 id=5026 x=0. 5 y=8. 5 z=−1. 5

ball rad 0. 5 id=5027 x=0. 5 y=7. 5 z=−1. 5

ball rad 0. 5 id=5028 x=0. 5 y=6. 5 z=−1. 5

ball rad 0. 5 id=5029 x=0. 5 y=5. 5 z=−1. 5

ball rad 0. 5 id=5030 x=0. 5 y=4. 5 z=−1. 5

ball rad 0. 5 id=5031 x=0. 5 y=3. 5 z=−1. 5

ball rad 0. 5 id=5032 x=0. 5 y=2. 5 z=−1. 5

ball rad 0. 5 id=5033 x=0. 5 y=2. 5 z=−2. 5

ball rad 0. 5 id=5034 x=0. 5 y=3. 5 z=−2. 5

ball rad 0. 5 id=5035 x=0. 5 y=4. 5 z=−2. 5

ball rad 0. 5 id=5036 x=0. 5 y=5. 5 z=−2. 5

ball rad 0. 5 id=5037 x=0. 5 y=6. 5 z=−2. 5

ball rad 0. 5 id=5038 x=0. 5 y=7. 5 z=−2. 5

ball rad 0. 5 id=5039 x=0. 5 y=8. 5 z=−2. 5

ball rad 0. 5 id=5040 x=0. 5 y=9. 5 z=−2. 5

ball rad 0. 5 id=5041 x=0. 5 y=10. 5 z=−2. 5

ball rad 0. 5 id=5042 x=0. 5 y=11. 5 z=−2. 5

ball rad 0. 5 id=5043 x=0. 5 y=12. 5 z=−2. 5

ball rad 0. 5 id=5044 x=0. 5 y=13. 5 z=−2. 5

ball rad 0. 5 id=5045 x=0. 5 y=14. 5 z=−2. 5

ball rad 0. 5 id=5046 x=0. 5 y=15. 5 z=−2. 5

ball rad 0. 5 id=5047 x=0. 5 y=16. 5 z=−2. 5

ball rad 0. 5 id=5048 x=0. 5 y=17. 5 z=−2. 5

ball rad 0. 5 id=5049 x=0. 5 y=17. 5 z=−3. 5

ball rad 0. 5 id=5050 x=0. 5 y=16. 5 z=−3. 5

ball rad 0. 5 id=5051 x=0. 5 y=15. 5 z=−3. 5

ball rad 0. 5 id=5052 x=0. 5 y=14. 5 z=−3. 5

ball rad 0. 5 id=5053 x=0. 5 y=13. 5 z=−3. 5

ball rad 0. 5 id=5054 x=0. 5 y=12. 5 z=−3. 5

ball rad 0.5 id=5055 x=0.5 y=11.5 z=−3.5

ball rad 0.5 id=5056 x=0.5 y=10.5 z=−3.5

ball rad 0.5 id=5057 x=0.5 y=9.5 z=−3.5

ball rad 0.5 id=5058 x=0.5 y=8.5 z=−3.5

ball rad 0.5 id=5059 x=0.5 y=7.5 z=−3.5

ball rad 0.5 id=5060 x=0.5 y=6.5 z=−3.5

ball rad 0.5 id=5061 x=0.5 y=5.5 z=−3.5

ball rad 0.5 id=5062 x=0.5 y=4.5 z=−3.5

ball rad 0.5 id=5063 x=0.5 y=3.5 z=−3.5

ball rad 0.5 id=5064 x=0.5 y=2.5 z=−3.5(生成组成长方形平面刮板的 64 粒颗粒球)

macro Raft 'id=5001,5064'

property density 1000 kn=1e8 ks=1e8 fric 0.6 range Raft

property pb_rad 1.0 pb_s=1e45 pb_n=1e45 range Raft

property pb_kn=1e20 pb_ks=1e20 color 1 range Raft

根据上述 PFC3D 编程程序，生成的长方形平面刮板几何模型如图 4−1 所示。

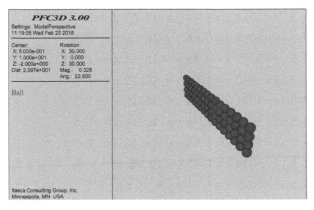

图4−1 长方形平面刮板几何模型

（三） 对称三角形刮板的 **PFC3D** 编程及几何建模

对称三角形刮板建模的 PFC3D 编程如下。

ball rad 0. 5 id = 5001 x = 0. 46 y = 2. 40 z = −0. 5
ball rad 0. 5 id = 5002 x = 0. 66 y = 3. 38 z = −0. 5
ball rad 0. 5 id = 5003 x = 0. 85 y = 4. 36 z = −0. 5
ball rad 0. 5 id = 5004 x = 1. 05 y = 5. 34 z = −0. 5
ball rad 0. 5 id = 5005 x = 1. 24 y = 6. 32 z = −0. 5
ball rad 0. 5 id = 5006 x = 1. 44 y = 7. 30 z = −0. 5
ball rad 0. 5 id = 5007 x = 1. 64 y = 8. 28 z = −0. 5
ball rad 0. 5 id = 5008 x = 1. 85 y = 9. 26 z = −0. 5
ball rad 0. 5 id = 5009 x = 1. 85 y = 10. 26 z = −0. 5
ball rad 0. 5 id = 5010 x = 1. 64 y = 11. 18 z = −0. 5
ball rad 0. 5 id = 5011 x = 1. 44 y = 12. 16 z = −0. 5
ball rad 0. 5 id = 5012 x = 1. 24 y = 13. 15 z = −0. 5
ball rad 0. 5 id = 5013 x = 1. 05 y = 14. 13 z = −0. 5
ball rad 0. 5 id = 5014 x = 0. 85 y = 15. 11 z = −0. 5
ball rad 0. 5 id = 5015 x = 0. 66 y = 16. 09 z = −0. 5
ball rad 0. 5 id = 5016 x = 0. 46 y = 17. 07 z = −0. 5
ball rad 0. 5 id = 5017 x = 0. 46 y = 17. 07 z = −1. 5
ball rad 0. 5 id = 5018 x = 0. 66 y = 16. 09 z = −1. 5
ball rad 0. 5 id = 5019 x = 0. 85 y = 15. 11 z = −1. 5
ball rad 0. 5 id = 5020 x = 1. 05 y = 14. 13 z = −1. 5
ball rad 0. 5 id = 5021 x = 1. 24 y = 13. 15 z = −1. 5
ball rad 0. 5 id = 5022 x = 1. 44 y = 12. 16 z = −1. 5
ball rad 0. 5 id = 5023 x = 1. 64 y = 11. 18 z = −1. 5
ball rad 0. 5 id = 5024 x = 1. 85 y = 10. 26 z = −1. 5
ball rad 0. 5 id = 5025 x = 1. 85 y = 9. 26 z = −1. 5
ball rad 0. 5 id = 5026 x = 1. 64 y = 8. 28 z = −1. 5
ball rad 0. 5 id = 5027 x = 1. 44 y = 7. 30 z = −1. 5
ball rad 0. 5 id = 5028 x = 1. 24 y = 6. 32 z = −1. 5
ball rad 0. 5 id = 5029 x = 1. 05 y = 5. 34 z = −1. 5

ball rad 0. 5 id = 5030 x = 0. 85 y = 4. 36 z = −1. 5

ball rad 0. 5 id = 5031 x = 0. 66 y = 3. 38 z = −1. 5

ball rad 0. 5 id = 5032 x = 0. 46 y = 2. 40 z = −1. 5

ball rad 0. 5 id = 5033 x = 0. 46 y = 2. 40 z = −2. 5

ball rad 0. 5 id = 5034 x = 0. 66 y = 3. 38 z = −2. 5

ball rad 0. 5 id = 5035 x = 0. 85 y = 4. 36 z = −2. 5

ball rad 0. 5 id = 5036 x = 1. 05 y = 5. 34 z = −2. 5

ball rad 0. 5 id = 5037 x = 1. 24 y = 6. 32 z = −2. 5

ball rad 0. 5 id = 5038 x = 1. 44 y = 7. 30 z = −2. 5

ball rad 0. 5 id = 5039 x = 1. 64 y = 8. 28 z = −2. 5

ball rad 0. 5 id = 5040 x = 1. 85 y = 9. 26 z = −2. 5

ball rad 0. 5 id = 5041 x = 1. 85 y = 10. 26 z = −2. 5

ball rad 0. 5 id = 5042 x = 1. 64 y = 11. 18 z = −2. 5

ball rad 0. 5 id = 5043 x = 1. 44 y = 12. 16 z = −2. 5

ball rad 0. 5 id = 5044 x = 1. 24 y = 13. 15 z = −2. 5

ball rad 0. 5 id = 5045 x = 1. 05 y = 14. 13 z = −2. 5

ball rad 0. 5 id = 5046 x = 0. 85 y = 15. 11 z = −2. 5

ball rad 0. 5 id = 5047 x = 0. 66 y = 16. 09 z = −2. 5

ball rad 0. 5 id = 5048 x = 0. 46 y = 17. 07 z = −2. 5

ball rad 0. 5 id = 5049 x = 0. 46 y = 17. 07 z = −3. 5

ball rad 0. 5 id = 5050 x = 0. 60 y = 16. 09 z = −3. 5

ball rad 0. 5 id = 5051 x = 0. 85 y = 15. 11 z = −3. 5

ball rad 0. 5 id = 5052 x = 1. 05 y = 14. 13 z = −3. 5

ball rad 0. 5 id = 5053 x = 1. 24 y = 13. 15 z = −3. 5

ball rad 0. 5 id = 5054 x = 1. 44 y = 12. 16 z = −3. 5

ball rad 0. 5 id = 5055 x = 1. 64 y = 11. 18 z = −3. 5

ball rad 0. 5 id = 5056 x = 1. 85 y = 10. 26 z = −3. 5

ball rad 0. 5 id = 5057 x = 1. 85 y = 9. 26 z = −3. 5

ball rad 0. 5 id = 5058 x = 1. 64 y = 8. 28 z = −3. 5

ball rad 0. 5 id = 5059 x = 1. 44 y = 7. 30 z = −3. 5

ball rad 0. 5 id = 5060 x = 1. 24 y = 6. 32 z = −3. 5

ball rad 0. 5 id = 5061 x = 1. 05 y = 5. 34 z = −3. 5

ball rad 0. 5 id=5062 x=0. 85 y=4. 36 z=−3. 5

ball rad 0. 5 id=5063 x=0. 66 y= 3. 38 z=−3. 5

ball rad 0. 5 id=5064 x=0. 46 y=2. 40 z=−3.5(生成组成对称三角形刮板的64粒球形颗粒)

macro Raft'id=5001,5064'

property density 1000 kn=1e8 ks=1e8 fric 0. 6 range Raft

property pb_rad 1. 0 pb_s=1e45 pb_n=1e45 range Raft

property pb_kn=1e20 pb_ks=1e20 color 1 range Raft

根据上述PFC3D编程程序，生成的对称三角形刮板几何模型如图4-2所示。

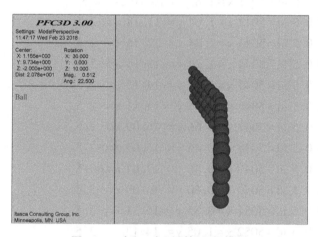

图4-2　对称三角形刮板几何模型

（四）抛物线形刮板的PFC3D编程及几何建模

抛物线形刮板建模的PFC3D编程如下：

ball rad 0. 5 id=5001 x=0. 875 y=4. 0 z=−0. 5

ball rad 0. 5 id=5002 x=1. 202 y=4. 945 z=−0. 5

ball rad 0. 5 id=5003 x=1. 476 y=5. 907 z=−0. 5

ball rad 0. 5 id=5004 x=1. 696 y=6. 882 z=−0. 5

ball rad 0. 5 id=5005 x=1. 858 y=7. 869 z=-0. 5
ball rad 0. 5 id=5006 x=1. 957 y=8. 864 z=-0. 5
ball rad 0. 5 id=5007 x=2. 000 y=9. 863 z=-0. 5
ball rad 0. 5 id=5008 x=1. 977 y=10. 863 z=-0. 5
ball rad 0. 5 id=5009 x=1. 892 y=11. 859 z=-0. 5
ball rad 0. 5 id=5010 x=1. 746 y=12. 849 z=-0. 5
ball rad 0. 5 id=5011 x=1. 542 y=13. 827 z=-0. 5
ball rad 0. 5 id=5012 x=1. 282 y=14. 793 z=-0. 5
ball rad 0. 5 id=5013 x=0. 969 y=15. 742 z=-0. 5
ball rad 0. 5 id=5014 x=0. 608 y=16. 675 z=-0. 5
ball rad 0. 5 id=5015 x=0. 608 y=16. 675 z=-1. 5
ball rad 0. 5 id=5016 x=0. 969 y=15. 743 z=-1. 5
ball rad 0. 5 id=5017 x=1. 282 y=14. 793 z=-1. 5
ball rad 0. 5 id=5018 x=1. 542 y=13. 827 z=-1. 5
ball rad 0. 5 id=5019 x=1. 746 y=12. 849 z=-1. 5
ball rad 0. 5 id=5020 x=1. 892 y=11. 859 z=-1. 5
ball rad 0. 5 id=5021 x=1. 977 y=10. 863 z=-1. 5
ball rad 0. 5 id=5022 x=1. 999 y=9. 863 z=-1. 5
ball rad 0. 5 id=5023 x=1. 960 y=8. 864 z=-1. 5
ball rad 0. 5 id=5024 x=1. 858 y=7. 869 z=-1. 5
ball rad 0. 5 id=5025 x=1. 696 y=6. 882 z=-1. 5
ball rad 0. 5 id=5026 x=1. 476 y=5. 907 z=-1. 5
ball rad 0. 5 id=5027 x=1. 201 y=4. 945 z=-1. 5
ball rad 0. 5 id=5028 x=0. 875 y=4. 0 z=-1. 5
ball rad 0. 5 id=5029 x=0. 875 y=4. 0 z=-2. 5
ball rad 0. 5 id=5030 x=1. 202 y=4. 945 z=-2. 5
ball rad 0. 5 id=5031 x=1. 476 y=5. 907 z=-2. 5
ball rad 0. 5 id=5032 x=1. 696 y=6. 882 z=-2. 5
ball rad 0. 5 id=5033 x=1. 858 y=7. 869 z=-2. 5
ball rad 0. 5 id=5034 x=1. 960 y=8. 864 z=-2. 5
ball rad 0. 5 id=5035 x=1. 999 y=9. 863 z=-2. 5
ball rad 0. 5 id=5036 x=1. 977 y=10. 863 z=-2. 5

ball rad 0. 5 id = 5037 x = 1. 892 y = 11. 859 z = −2. 5

ball rad 0. 5 id = 5038 x = 1. 746 y = 12. 849 z = −2. 5

ball rad 0. 5 id = 5039 x = 1. 542 y = 13. 827 z = −2. 5

ball rad 0. 5 id = 5040 x = 1. 282 y = 14. 793 z = −2. 5

ball rad 0. 5 id = 5041 x = 0. 969 y = 15. 743 z = −2. 5

ball rad 0. 5 id = 5042 x = 0. 608 y = 16. 675 z = −2. 5

ball rad 0. 5 id = 5043 x = 0. 608 y = 16. 675 z = −3. 5

ball rad 0. 5 id = 5044 x = 0. 969 y = 15. 743 z = −3. 5

ball rad 0. 5 id = 5045 x = 1. 282 y = 14. 793 z = −3. 5

ball rad 0. 5 id = 5046 x = 1. 542 y = 13. 827 z = −3. 5

ball rad 0. 5 id = 5047 x = 1. 746 y = 12. 849 z = −3. 5

ball rad 0. 5 id = 5048 x = 1. 892 y = 11. 859 z = −3. 5

ball rad 0. 5 id = 5049 x = 1. 977 y = 10. 863 z = −3. 5

ball rad 0. 5 id = 5050 x = 1. 999 y = 9. 863 z = −3. 5

ball rad 0. 5 id = 5051 x = 1. 960 y = 8. 864 z = −3. 5

ball rad 0. 5 id = 5052 x = 1. 858 y = 7. 869 z = −3. 5

ball rad 0. 5 id = 5053 x = 1. 696 y = 6. 882 z = −3. 5

ball rad 0. 5 id = 5054 x = 1. 476 y = 5. 907 z = −3. 5

ball rad 0. 5 id = 5055 x = 1. 202 y = 4. 945 z = −3. 5

ball rad 0. 5 id = 5056 x = 0. 875 y = 4. 0 z = −3. 5

ball rad 0. 5 id = 5057 x = 1. 875 y = 4. 0 z = −0. 5

ball rad 0. 5 id = 5058 x = 2. 202 y = 4. 945 z = −0. 5

ball rad 0. 5 id = 5059 x = 2. 476 y = 5. 907 z = −0. 5

ball rad 0. 5 id = 5060 x = 2. 696 y = 6. 882 z = −0. 5

ball rad 0. 5 id = 5061 x = 2. 858 y = 7. 869 z = −0. 5

ball rad 0. 5 id = 5062 x = 2. 960 y = 8. 864 z = −0. 5

ball rad 0. 5 id = 5063 x = 2. 999 y = 9. 863 z = −0. 5

ball rad 0. 5 id = 5064 x = 2. 977 y = 10. 863 z = −0. 5(生成组成抛物线形刮板的 64 粒球形颗粒)

macro Raft 'id = 5001 ,5064'

property density 1000 kn = 1e8 ks = 1e8 fric 0. 6 range Raft

property pb_rad 1. 0 pb_s = 1e45 pb_n = 1e45 range Raft

property pb_kn＝1e20 pb_ks＝1e20 color 1 range Raft

根据上述 PFC3D 编程程序，生成的抛物线形刮板几何模型如图 4-3 所示。

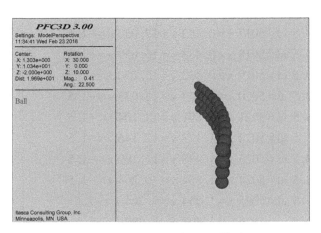

图 4-3 抛物线形刮板几何模型

（五）对称抛物线形刮板的 **PFC3D** 编程及几何建模

对称抛物线形刮板建模的 PFC3D 编程如下：

ball rad 0.5 id＝5001 x＝0.433 y＝2.478 z＝-0.5

ball rad 0.5 id＝5002 x＝0.433 y＝3.478 z＝-0.5

ball rad 0.5 id＝5003 x＝0.433 y＝4.478 z＝-0.5

ball rad 0.5 id＝5004 x＝0.643 y＝5.455 z＝-0.5

ball rad 0.5 id＝5005 x＝0.891 y＝6.424 z＝-0.5

ball rad 0.5 id＝5006 x＝1.177 y＝7.382 z＝-0.5

ball rad 0.5 id＝5007 x＝1.498 y＝8.329 z＝-0.5

ball rad 0.5 id＝5008 x＝1.854 y＝9.264 z＝-0.5

ball rad 0.5 id＝5009 x＝1.854 y＝10.264 z＝-0.5

ball rad 0.5 id＝5010 x＝1.498 y＝11.199 z＝-0.5

ball rad 0. 5 id = 5011 x = 1. 178 y = 12. 146 z = −0. 5

ball rad 0. 5 id = 5012 x = 0. 891 y = 13. 104 z = −0. 5

ball rad 0. 5 id = 5013 x = 0. 643 y = 14. 073 z = −0. 5

ball rad 0. 5 id = 5014 x = 0. 433 y = 15. 050 z = −0. 5

ball rad 0. 5 id = 5015 x = 0. 433 y = 16. 050 z = −0. 5

ball rad 0. 5 id = 5016 x = 0. 433 y = 17. 050 z = −0. 5

ball rad 0. 5 id = 5017 x = 0. 433 y = 17. 050 z = −1. 5

ball rad 0. 5 id = 5018 x = 0. 433 y = 16. 050 z = −1. 5

ball rad 0. 5 id = 5019 x = 0. 433 y = 15. 050 z = −1. 5

ball rad 0. 5 id = 5020 x = 0. 643 y = 14. 073 z = −1. 5

ball rad 0. 5 id = 5021 x = 0. 891 y = 13. 104 z = −1. 5

ball rad 0. 5 id = 5022 x = 1. 177 y = 12. 146 z = −1. 5

ball rad 0. 5 id = 5023 x = 1. 498 y = 11. 199 z = −1. 5

ball rad 0. 5 id = 5024 x = 1. 854 y = 10. 264 z = −1. 5

ball rad 0. 5 id = 5025 x = 1. 854 y = 9. 264 z = −1. 5

ball rad 0. 5 id = 5026 x = 1. 498 y = 8. 329 z = −1. 5

ball rad 0. 5 id = 5027 x = 1. 177 y = 7. 382 z = −1. 5

ball rad 0. 5 id = 5028 x = 0. 891 y = 6. 424 z = −1. 5

ball rad 0. 5 id = 5029 x = 0. 643 y = 5. 455 z = −1. 5

ball rad 0. 5 id = 5030 x = 0. 433 y = 4. 476 z = −1. 5

ball rad 0. 5 id = 5031 x = 0. 433 y = 3. 478 z = −1. 5

ball rad 0. 5 id = 5032 x = 0. 433 y = 2. 478 z = −1. 5

ball rad 0. 5 id = 5033 x = 0. 433 y = 2. 478 z = −2. 5

ball rad 0. 5 id = 5034 x = 0. 433 y = 3. 478 z = −2. 5

ball rad 0. 5 id = 5035 x = 0. 433 y = 4. 478 z = −2. 5

ball rad 0. 5 id = 5036 x = 0. 643 y = 5. 455 z = −2. 5

ball rad 0. 5 id = 5037 x = 0. 891 y = 6. 424 z = −2. 5

ball rad 0. 5 id = 5038 x = 1. 177 y = 7. 382 z = −2. 5

ball rad 0. 5 id = 5039 x = 1. 498 y = 8. 329 z = −2. 5

ball rad 0. 5 id = 5040 x = 1. 854 y = 9. 264 z = −2. 5

ball rad 0. 5 id = 5041 x = 1. 854 y = 10. 264 z = −2. 5

ball rad 0. 5 id = 5042 x = 1. 498 y = 11. 199 z = −2. 5

ball rad 0. 5 id = 5043 x = 1. 177 y = 12. 146 z = −2. 5

ball rad 0. 5 id = 5044 x = 0. 891 y = 13. 104 z = −2. 5

ball rad 0. 5 id = 5045 x = 0. 643 y = 14. 073 z = −2. 5

ball rad 0. 5 id = 5046 x = 0. 433 y = 15. 050 z = −2. 5

ball rad 0. 5 id = 5047 x = 0. 433 y = 16. 050 z = −2. 5

ball rad 0. 5 id = 5048 x = 0. 433 y = 17. 050 z = −2. 5

ball rad 0. 5 id = 5049 x = 0. 433 y = 17. 050 z = −3. 5

ball rad 0. 5 id = 5050 x = 0. 433 y = 16. 050 z = −3. 5

ball rad 0. 5 id = 5051 x = 0. 433 y = 15. 050 z = −3. 5

ball rad 0. 5 id = 5052 x = 0. 643 y = 14. 073 z = −3. 5

ball rad 0. 5 id = 5053 x = 0. 891 y = 13. 104 z = −3. 5

ball rad 0. 5 id = 5054 x = 1. 177 y = 12. 146 z = −3. 5

ball rad 0. 5 id = 5055 x = 1. 498 y = 11. 199 z = −3. 5

ball rad 0. 5 id = 5056 x = 1. 854 y = 10. 264 z = −3. 5

ball rad 0. 5 id = 5057 x = 1. 854 y = 9. 264 z = −3. 5

ball rad 0. 5 id = 5058 x = 1. 498 y = 8. 329 z = −3. 5

ball rad 0. 5 id = 5059 x = 1. 177 y = 7. 382 z = −3. 5

ball rad 0. 5 id = 5060 x = 0. 891 y = 6. 424 z = −3. 5

ball rad 0. 5 id = 5061 x = 0. 643 y = 5. 455 z = −3. 5

ball rad 0. 5 id = 5062 x = 0. 433 y = 4. 478 z = −3. 5

ball rad 0. 5 id = 5063 x = 0. 433 y = 3. 478 z = −3. 5

ball rad 0. 5 id = 5064 x = 0. 433 y = 2. 478 z = −3. 5(生成组成对称抛物线形刮板的 64 粒球形颗粒)

macro Raft 'id = 5001 ,5064'

property density 1000 kn = 1e8 ks = 1e8 fric 0. 6 range Raft

property pb_rad 1. 0 pb_s = 1e45 pb_n = 1e45 range Raft

property pb_kn = 1e20 pb_ks = 1e20 color 1 range Raft

根据上述 PFC3D 编程程序，生成的对称抛物线形刮板几何模型如图 4-4 所示。

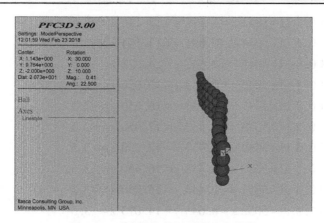

图 4-4　对称抛物线形刮板几何模型

四、本章小结

　　作为平煤装置的核心部分，刮板的结构对平煤的效果有着直接的影响，本章根据圆锥曲线的二次导数连续的数学特性，确定出两种不同的抛物线作为优化刮板结构形状的数学模型，利用 PFC3D 的颗粒堆积法理论构造刮板的几何模型，并通过程序的编制建立好四种不同形状的刮板几何模型，为后续的仿真分析建立核心模型。

第五章 基于 PFC3D 刮板推刮煤颗粒的运动编程及仿真

本章以煤颗粒为基本研究单元，着重观察模拟系统中煤颗粒在不同形状刮板作用下的运动规律，使用第三章和第四章建立的煤颗粒动态行为离散元模拟系统，并利用颗粒流三维离散元软件 PFC3D 对平煤装置不同形状刮板的平煤运动进行了模拟仿真，分别得到了它们的颗粒运动图及其速度分布图。根据仿真结果分析得出最有利于排煤的刮板形状，从而对刮板结构进行优化。

模拟时选择的物理参数如表 5-1 所示。

表 5-1 颗粒及边界物理参数

颗粒参数				
粒径 （mm）	摩擦 系数	颗粒密度 （kg/m³）	法向刚度 （N/m）	切向刚度 （N/m）
0.45	0.6	0.6E+03	1.00E+08	1.00E+08

边界参数			计算时步（s）	
摩擦系数	法向刚度 （N/m）	切向刚度 （N/m）	初始堆积	下落过程
0.6	1.00E+12	1.00E+12	Auto	1.00E+05

一、刮板推刮煤颗粒排煤的一般规律

就目前国内平煤器的使用情况看，具有简单形状的刮板不能满足高效的装车要求，所以优化刮板的结构形状对提高平煤的效果非常重要。本研究将对刮板结构的优化从数学的角度出发，结合数学函数中的圆锥曲线知识，根据其函数方程的二次导数的连续性，并将此理论知识应用到对刮板形状的优化上，可以设想平煤的效果会得到提高。这种异型面的刮板不仅能产生直接的外推分力，且截面形状具有光滑的流畅性，那么煤颗粒在这种异型面刮板的推力作用下，由于光滑流畅性，煤必定是按着刮板的截面顺畅地排向车厢的两侧，所以异型面刮板的平煤效果理论上应比平面刮板优良。在所有的圆锥曲线中，由于抛物线的数学函数最为常见且具有典型性，所以本研究将用抛物线作为研究的蓝本，并使用颗粒流三维离散元软件 PFC3D 对几种形状刮板的平煤过程进行运动仿真，最后分析比较哪种形状刮板的平煤效果为最好。

本章主要是对四种不同形状刮板的平煤过程进行模拟仿真，这 4 种形状的刮板分别是长方形平面刮板、对称三角形刮板、抛物线形刮板和对称抛物线形刮板。根据第四章中建立的四种刮板形状并结合数学极限理论知识，本书提及的抛物线形刮板的形状若趋向无限延伸，则变成长方形刮板形状，而对称抛物线形刮板的形状若趋向无限延伸，则变成了对称三角形刮板的形状。根据这一结论，并结合仿真的结果可以判断出刮板结构优化的趋向，可得出刮板推刮煤颗粒排煤的一般规律。

二、带上方挡煤板的刮板几何建模

根据实际煤矿平煤装置刮板的结构，刮板的上方焊接了挡煤板，为了使仿真尽可能接近实际的平煤过程，使用颗粒流离散元 PFC3D 软件对 4 种形状刮板平煤的仿真，需要对所有刮板的几何模型上方建立挡煤板的结构，与现实中的平煤装置一样，上方挡煤板的设置是为了对隆起的煤进行强制外推，这样既增强了平煤效果，减小了平煤器刮板的设计高度，同时也减小了平煤装置的重量。

利用 PFC3D 软件对上方挡煤板的几何建模比较简单，以第四章中建好的刮板结构为基础，使用颗粒流编程方法，通过设置每一个颗粒在平煤器离散元系统模型中的坐标位置，让它们依次按顺序排列在刮板的上方即可，与刮板建模一样，上方挡煤板的 PFC3D 结构也需要使用 Raft 命令将所有的颗粒组合成一个整体，再使用"property pb_ s = 1e45 pb_ n = 1e45 range Raft"程序命令修改颗粒与颗粒之间的黏性力，使颗粒组中所有的颗粒彼此黏结在一起，作为一个完整的结构。具体的编程过程就不再在书中罗列，建好的带有上方挡煤板的长方形平面刮板几何模型如图 5-1 所示。

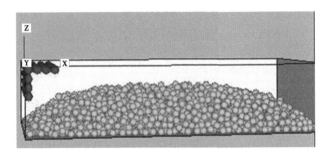

图 5-1　带上方挡煤板的长方形平面刮板几何模型

为了看清楚对称三角形刮板、抛物线形刮板和对称抛物线形刮板这 3 种带上方挡煤板的刮板几何模型，对 PFC3D 模拟系统让其绕 Z 轴顺时针合适角度，这 3 种带挡煤板的刮板几何模型分别如图 5-2，图 5-3，图 5-4 所示。

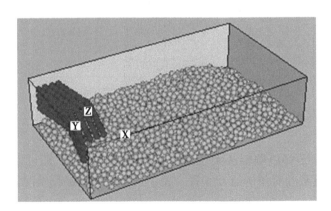

图 5-2　带上方挡煤板的对称三角形刮板几何模型

三、刮板推刮煤颗粒运动的 PFC3D 编程

第三章和第四章分别建立好了平衡的平煤装置离散元模拟和 4 种不同结构的刮板几何模型，接下来就是对刮板推刮煤颗粒的运动进行仿真操作。

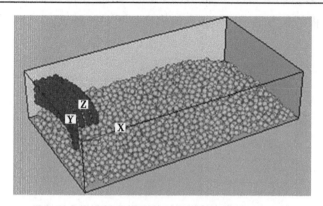

图 5-3　带上方挡煤板的抛物线形刮板几何模型

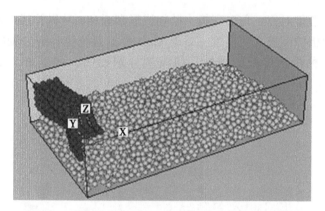

图 5-4　带上方挡煤板的对称抛物线形刮板几何模型

PFC3D 软件除了可用颗粒法实现简单模型的创建之外，还可以利用其编程语言，实现对某些对象的运动编程，关于刮板运动的编程情况需要说明以下4 点。

第一，在平煤装置的离散元模拟系统中，刮板是沿着模拟系统的 x 轴方向运动，而 y 和 z 轴方向是固定不动的，所以可以使用 PFC3D 中"fix"命令，实现刮板在 y 和 z 方向固定不动。

第二，对刮板推刮煤颗粒的运动，需要观察煤颗粒在不同进程的运动情况，因此可以使用 PFC3D 中的"cyc"命令，通过设置不同的时步长，来观察相应时刻的颗粒运动情况，本章笔者设置了"cyc2000、cyc3000、 cyc4000、cyc5000" 4 个时步来观察煤颗粒的分布及速度情况。

　　第三，因为需要追踪刮板停止运动后车厢模拟系统中的煤颗粒的接触应力分布情况，所以使用 "hist" 命令，来追踪煤颗粒接触应力分布情况。

　　第四，平煤装置模拟系统中煤颗粒不同的运动情况图的生成，可使用 "create" 命令来生成相应的图。

　　平煤装置刮板平煤运动仿真的 PFC3D 编程情况如下所示：

```
fix y z range Raft
inixvel 5.0e-3 range Raft
prop xdisp=0.0 ydisp=0.0 zdisp=0.0
hist diag muf
hist diag mcf
cyc2000 （设置不同的值，可以观察不同时步下颗粒的运动情况）
plot create disp_view
plot add wall white
plot add disp black
plot add axes brown
plot show
plot set rotation 2 0 10
plot create force_view
plot add wall white
plot add ball yellow red
plot add axes brown
plot add cf
plot show
plot set rotation 2 0 10
plot create footing1
plot his 1 begin 100000
plot create footing 2
plot his2 begin 100000
```

四、长方形平面刮板推刮煤颗粒的运动仿真

用颗粒流离散元软件 PFC3D 建立的平煤装置模拟系统，是对实践中平煤装置的一个系统模拟，所以无论厢体规模，刮板的结构还是厢体中颗粒的数量都只是对现实的一种缩影，但根据 PFC3D 软件通过设置好相应的刮板推刮速度，以及程序的循环时步，这种离散元模拟系统对刮板的平煤运动与现实中的平煤运动效果是一样的。

图 5-5 为平煤装置模拟系统的初始生成，图中红色颗粒组是直线形刮板，而水平方向上红色颗粒组为上方挡煤板，组成刮板的所有颗粒，包括上方挡煤板都通过设置颗粒与颗粒之间的黏性力，使它们成为一个如同焊接在一起的刮板形状。本图是平煤装置模拟系统的侧面图，当程序中设置刮板一定的速度和时步后，刮板就会以给定的速度向右运动。

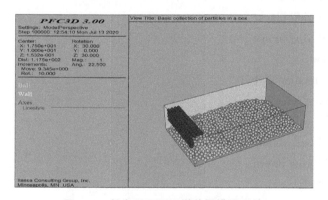

图 5-5　长方形平面平煤装置模拟系统

为了看清楚煤颗粒在刮板的推力作用下的运动情况，本书对模拟系统让其绕 Z 轴顺时针旋转 90°，使右侧旋转到正面以利于观察，模拟系统旋转后如图 5-6 所示。

由于刮板的速度已经在程序中给定，通过控制程序循环的时步即对刮板运动时间的控制，使得刮板的运动分成 4 个阶段，分别是程序循环至时步 2 000、时步 3 000、时步 4 000、时步 5 000 并观测在这 4 个时步结束时煤颗

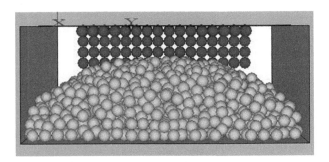

图 5-6　长方形平面平煤装置模拟系统右视图

粒的分布，具体运动结果如图 5-7、图 5-8、图 5-9、图 5-10 所示。

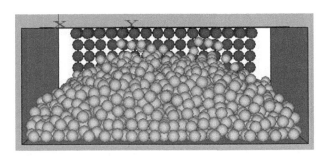

图 5-7　长方形平面平煤装置在时步 2 000 时煤颗粒运动

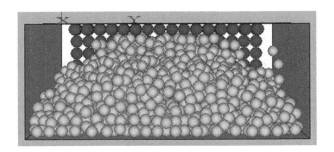

图 5-8　长方形平面平煤装置在时步 3 000 时煤颗粒运动

长方形平面刮板的离散元仿真和实践中平煤的效果很接近，即在刮板的

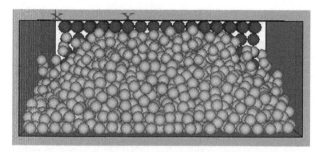

图 5-9　长方形平面平煤装置在时步 4 000 时煤颗粒运动

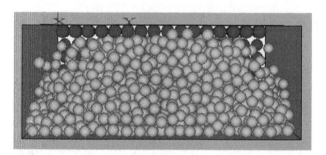

图 5-10　长方形平面平煤装置在时步 5 000 时煤颗粒运动

推动作用下，中间隆起的煤随着刮板的前进越来越多，而排向两侧的颗粒很少。从图 5-7 可以看出时步 2 000 时，刮板刚与煤颗粒接触，所以只有为数不多的颗粒被推起来，随着刮板的向前推进至时步 3 000 时，所有与刮板接触的煤颗粒都堆积在刮板的中间，几乎没有颗粒被排向两侧；当刮板按照给定的速度继续向前移动至时步 4 000 时，中间隆起的煤颗粒有几颗滑向两侧，但中间的煤隆起的相对时步 3 000 时要高些，说明煤颗粒在刮板的作用下主要堆积在中间了，而当刮板运动到时步 5 000 时，已经快运动到厢体的右顶端，大部分煤颗粒都被堆积在刮板的中间，而车厢的两侧被填满的空隙不多，这种刮板的模拟结果和现实煤矿上的平煤刮板的平煤效果差不多，即刮板推刮平煤时，煤颗粒大部分都堆积在刮板中间，排向厢体两侧空隙的煤颗粒不多，所以平煤效果不好。时步 5 000 时煤颗粒的速度分布如图 5-11 所示。

　　由图 5-11 颗粒的速度分布图也可以看出，大部分的颗粒速度矢量都是

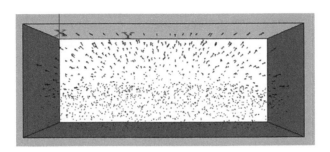

图 5-11　长方形平面平煤装置在时步 5 000 时煤颗粒的速度

朝上方，而指向车厢两侧的速度矢量密度非常稀疏，这也说明了煤颗粒在这种长方形刮板推力作用下大部分都堆积在刮板中间，排煤不顺畅，平煤效果不好，平煤装置模拟系统侧面情况如图 5-12 所示。

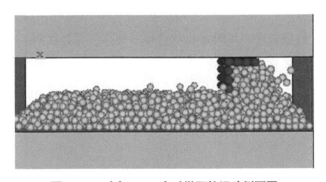

图 5-12　时步 5 000 次时煤颗粒运动侧面图

由 PFC3D 中的"HISTORY"命令来追踪模拟系统中的平均接触力，刮板和颗粒之间以及颗粒与颗粒之间的平均接触力分布图如图 5-13 所示。

由图 5-13 可以看出从刮板开始运动即整个模拟系统的时步 101 000 开始，刮板逐渐与颗粒接触，系统的平均接触力逐渐增大，运动至时步 103 500 左右系统平均接触力达到最大，这也是颗粒堆积最多的时刻，之后随着刮板的继续推动，隆起的颗粒有向两侧排去，所以接触力又逐渐减小，这就是整个运动过程接触力的变化规律。由图 5-13 可以看出，当时步 5 000 结束时系统的平均接触力为 0.7×10^5 N。

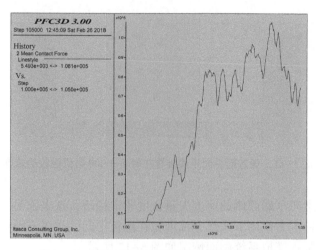

图 5-13　时步 100 000 开始平均接触力的记录

　　不同形状的刮板在平煤时都具有这样的规律，只是在同一时刻达到的最大平均接触力及刮板停止运动的平均接触力有所不同，由此也可反映出当程序结束刮板停止运动时颗粒在刮板上堆积的情况，进而可根据程序结束时的平均接触力来判断哪种形状的刮板排煤效果最好。程序结束时长方形平面平煤装置的接触力如图 5-14 所示。

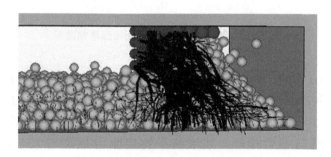

图 5-14　长方形平面平煤装置在时步 5 000 的接触力树状图

　　长方形平面刮板平煤过程的运动仿真结果显示，这种最简单的平煤装置平煤效果确实如现实一样，中间隆起的煤较多，无法将堆积的煤顺畅地向两侧排开。

五、对称三角形刮板推刮煤颗粒的运动仿真

针对简单的长方形平面刮板平煤效果不好的情况，目前市场上有对这种刮板进行了结构上改进，就是前面提到的用两块长方形的平板对称且成一定角度的焊接在一起，即为本书要提及的对称三角形刮板，这样由于这个焊接角度的存在使得这种改进的刮板在平煤时起到一定的分煤效果，平煤效果得到一定的提高。本小节也用颗粒流离散元PFC3D软件对这种改进的对称三角形刮板平煤过程进行运动仿真，为了能看清楚这种形状的刮板，程序中将绕三轴的旋转角度设置为 X = 30°，Y = 0，Z = 30°，对称三角形平煤装置模拟系统如图5-15所示。

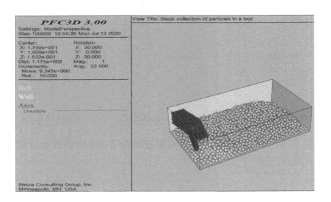

图5-15 对称三角形平煤装置模拟系统

与长方形平面平煤装置的运动仿真一样，为了便于看清楚煤颗粒在刮板作用下的运动情况，设置模拟系统绕三轴的旋转角度设置为 X = 0，Y = 0，Z = 270°即看到厢体的右视图如图5-16所示。

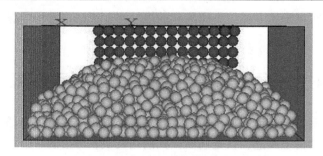

图 5-16　对称三角形平煤装置模拟系统右视图

　　因为要对 4 种刮板的运动仿真效果进行分析比较，所以每一种刮板的运动仿真进行相同的设置，即对三角形刮板平煤过称也分为 4 个相同时步阶段，分别是程序循环至时步 2 000、时步 3 000、时步 4 000、时步 5 000，并观测在这四个时步结束时煤颗粒的运动情况，具体运动结果如图 5-17、图 5-18、图 5-19 和图 5-20 所示。

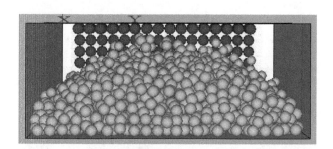

图 5-17　对称三角形平煤装置在时步 2 000 时煤颗粒运动

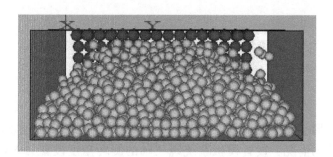

图 5-18　对称三角形平煤装置在时步 3 000 时煤颗粒运动

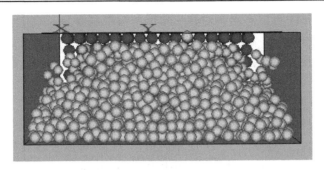

图5-19 对称三角形平煤装置在时步 4 000 时煤颗粒运动

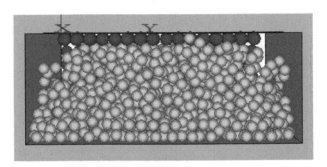

图5-20 对称三角形平煤装置在时步 5 000 时煤颗粒运动

由图5-17、图5-18、图5-19 和图5-20 可以看出，相对于长方形平面刮板的平煤效果，这种三角形刮板的平煤效果稍微得到些改善，各个时步结束时煤颗粒在这种三角形刮板的作用下颗粒向两侧运动的趋向比第一种刮板的模拟更明显，这种颗粒向厢体两侧运动的趋势可以由时步 5 000 结束时颗粒运动的速度图看出，如图5-21 所示。

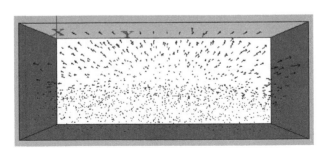

图5-21 对称三角形平煤装置在时步 5 000 时煤颗粒的速度

对比图 5-11 可以看出，对称三角形刮板推刮煤颗粒在时步 5 000 结束时，煤颗粒的速度向两侧运动的趋势相对于第一种形状刮板要明显些，但是从图 5-21 还是能看出向上运动的煤颗粒速度分布依然较多，刮板中间堆积的煤也偏多些，这说明这种实践改进了的刮板结构确实使得平煤效果得到了提高，但这种刮板的分煤水平也不很明显。

为便于分析比较，将模拟时步 5 000 结束时两种形状刮板平煤后的煤颗粒分布图对比在一起如图 5-22 所示。由图 5-22 可以直接看出，当两种刮板同时停止运动后，第二种刮板平煤后厢体两侧被填满的煤颗粒数量要多于第一种，这说明第二种刮板向两侧排煤的情况要比第一种刮板效果要好些。

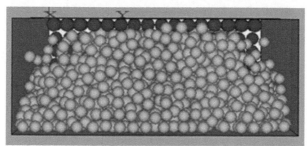

（a）长方形平面平煤装置

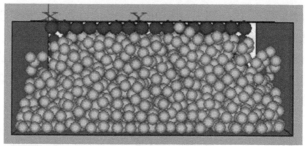

（b）三角形平煤装置

图 5-22　时步 5 000 前两种刮板推刮煤颗粒运动对比图

当程序结束时，通过生成模拟系统的平均接触力树状图也可以判断出平煤装置的排煤效果，对称三角形平煤装置的接触力树状图如图 5-23 所示。

接触力树状图黑色部分代表接触力的分布，黑色越密集表示接触力越大，对比图 5-14 的接触力树状图可以看出，第二种刮板平煤后接触力的分

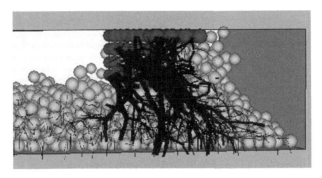

图 5-23　对称三角形平煤装置在时步 5 000 的接触力树状图

布相对第一种要稀疏些，这说明第二种刮板还是将部分的煤颗粒排到厢体的两侧中，使得接触力减小了，接触力曲线图如图 5-24 所示。

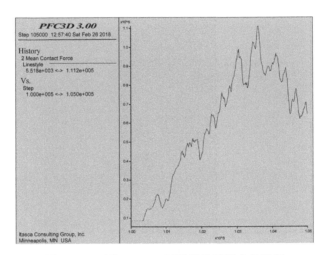

图 5-24　时步 100 000 开始平均接触力的记录

由图 5-24 可以看出当时步 5 000 结束时系统的平均接触力为 0.65×10^5N，比图 5-13 中的接触力 0.7×10^5N 要小些。所以三角形刮板的平煤效果比长方形平面刮板要优良些。

六、异型面平煤刮板推刮煤颗粒的运动仿真

本部分将对平煤装置的刮板进行异型面的结构优化，并对两种不同形式的抛物线形刮板的平煤过程进行运动仿真，将仿真的结果与前两种刮板的模拟结果进行分析比较，评判出对刮板结构进行优化的优势结构。本部分中对两种不同形式的抛物线形刮板的平煤过程，是与前两种刮板运动仿真在一样的程序环境中进行的，以保证仿真结果具有可比性。

（一）抛物线形刮板平煤过程运动仿真

为了看清楚抛物线形平煤装置的整体模拟系统，程序中将绕三轴的旋转角度设置为 X＝30°，Y＝0，Z＝30°，如图 5-25 所示。

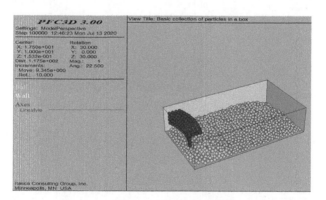

图 5-25　抛物线形平煤装置模拟系统

图 5-25 中抛物线形刮板的形状完全按照第四章中介绍的抛物线数学函数 $x=0.0216y^2$ 来生成的，该抛物线函数方程只是对刮板异型面优化的一个典型，若此刮板平煤效果明显，那么用圆锥曲线来对刮板的结构的异型面优化是非常可取的。将平煤装置绕三轴的旋转角度设置为 X＝0，Y＝0，Z＝

270°，这样可以看到厢体的右视图以便于观察煤颗粒的运动情况，如图5-26所示。

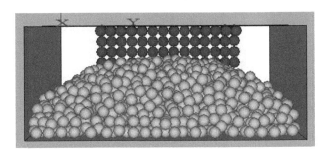

图5-26 抛物线形平煤装置模拟系统右视图

设置好程序的四个循环时步，每1 000步时观察煤颗粒在抛物线形刮板的推刮下其运动情况，并记录时步2 000、时步3 000、时步4 000和时步5 000时刮板停止运动后煤颗粒的运动分布情况，分别如图5-27、图5-28、图5-29、图5-30所示。

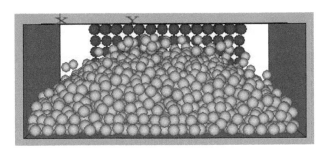

图5-27 抛物线形平煤装置在时步2 000时煤颗粒运动分布

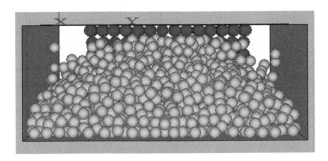

图5-28 抛物线形平煤装置在时步3 000时煤颗粒运动分布

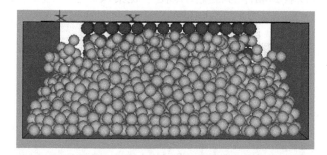

图 5-29   抛物线形平煤装置在时步 4 000 时煤颗粒运动分布

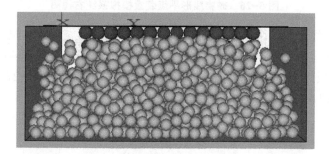

图 5-30   抛物线形平煤装置在时步 5 000 时煤颗粒运动分布

由于抛物线数学函数二次导数的连续性，使生成的抛物线形刮板具有光滑的数学特性，所以这种异型面刮板平煤过程，煤颗粒的运动发生了很大的变化，在时步 3 000 结束时煤颗粒就开始向厢体的两侧滑开，到时步 5 000 次结束时，厢体的两侧已经有了很大的变化，排向厢体两侧的颗粒数明显比三角形刮板的平煤情况要多很多，这两种刮板作用下颗粒运动分布情况对比如图 5-31 所示。

图 5-31 中（a）和（b）的对比可以断定下图抛物线形刮板向两侧排煤的情况要好于上图的结果。

程序结束时煤颗粒的速度分布如图 5-32 所示，由图可以直观地看到，朝厢体上方的颗粒速度明显分布减少变稀疏，而排向厢体两侧的速度变密集，刮板分煤效果得到了提高。

程序结束时模拟系统的平均接触力分布如图 5-33 所示，代表接触力大小的黑色部分变得比较均匀，这说明中间堆积的颗粒减少，所以与刮板接触

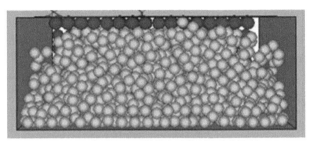

（a）三角形刮板平煤结束时煤颗粒分布情况

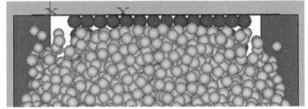

（b）抛物线形刮板的平煤结果

图 5-31 时步 5 000 煤颗粒运动对比

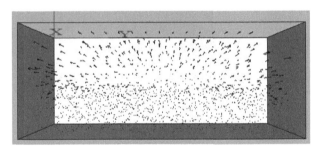

图 5-32 抛物线形平煤装置在时步 5 000 时煤颗粒的速度

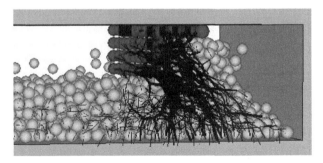

图 5-33 抛物线形平煤装置在时步 5 000 的接触力树状图

的平均接触力也减小了。

由"HISTORY"命令来追踪模拟系统中的平均接触力变化如图 5-34 所示，时步 5 000 次结束时模拟装置的平均接触力是 $0.55 \times 10^5 N$，而三角形平煤装置模拟系统的平均接触力为 $0.65 \times 10^5 N$，所以完全可以用抛物线的数学模型来对刮板的结构进行优化。

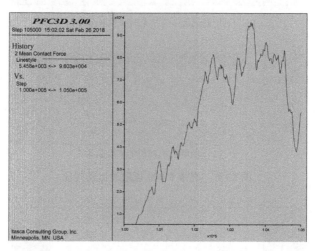

图 5-34 时步 100 000 开始平均接触力的记录

（二）对称抛物线形刮板平煤过程仿真

在抛物线形刮板的基础上进行结构上的变化，重新生成另外一种结构形式的抛物线形刮板，即用两段抛物线形刮板对称焊接在一起的结构，组成这种对称抛物线形刮板。对称抛物线的形状与抛物线的形状，在数学特征中表现为开口方向不一样，而且对称结构的抛物线的极限延伸就变成了对称三角形的形状。

对抛物线形刮板进行结构上的变化，也是对刮板的结构优化升级，目的是探索哪种形式的抛物线形刮板具有最好的平煤效果。对称抛物线形平煤装置模拟系统如图 5-35 所示。

和上述 3 种形状刮板的分析步骤一样，先将平煤装置绕三轴的旋转角度设置为 X=0，Y=0，Z=270° 即看到厢体的右视图以便于观察煤颗粒的运动情况，对称抛物线形平煤装置模拟系统右视图如图 5-36 所示。

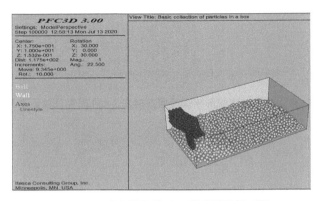

图 5-35 对称抛物线形平煤装置模拟系统

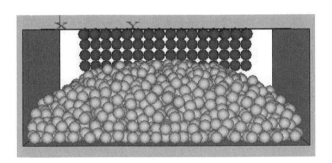

图 5-36 对称抛物线形平煤装置模拟系统右视图

设置好程序的 4 个循环时步，每 1 000 步时观察煤颗粒在抛物线形刮板的推刮下其运动情况，并记录时步 2 000、时步 3 000、时步 4 000 和时步 5 000 时刮板停止运动后煤颗粒的运动分布情况，分别如图 5-37、图 5-38、图 5-39 和图 5-40 所示。

从图 5-40 可以看出，时步 5 000 结束时，煤颗粒大量的被排向厢体的两侧，中间堆积的煤颗粒大量减少以致可以看到处在颗粒堆后面的刮板。煤

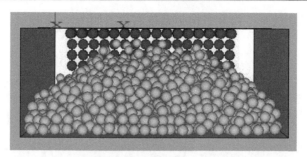

图 5-37　对称抛物线形平煤装置在时步 2 000 时煤颗粒运动分布

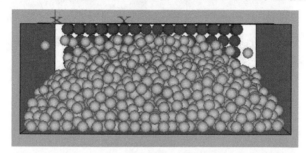

图 5-38　对称抛物线形平煤装置在时步 3 000 时煤颗粒运动分布

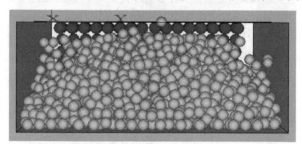

图 5-39　对称抛物线形平煤装置在时步 4 000 时煤颗粒运动分布

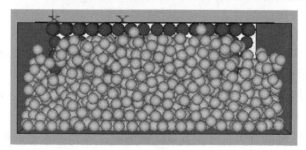

图 5-40　对称抛物线形平煤装置在时步 5 000 时煤颗粒运动分布

颗粒的速度走向如图 5-41 所示。

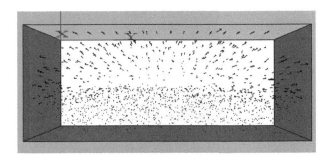

图 5-41 对称抛物线形平煤装置在时步 5 000 时煤颗粒的速度

对比图 5-42 的速度图，可以看出对称抛物线形刮板平煤后煤颗粒向厢体左右侧的速度分布非常密集，中间速度分布变得很稀疏。为方便比较两种不同形式的刮板的平煤效果，将时步 5 000 时两种刮板作用下煤颗粒的分布情况对比如图 5-42 所示。

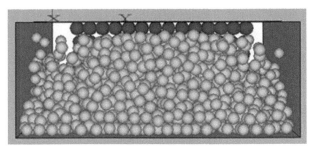

（a）原抛物线形刮板平煤情况

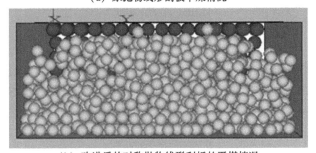

（b）改进后的对称抛物线形刮板的平煤情况

图 5-42 时步 5 000 两种刮板推刮煤颗粒对比

程序结束时，模拟系统平均接触力树状图和曲线图分别如图 5-43 和图 5-44 所示。

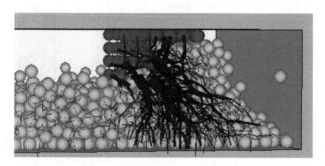

图 5-43　对称抛物线形平煤装置在时步 5 000 的接触力树状图

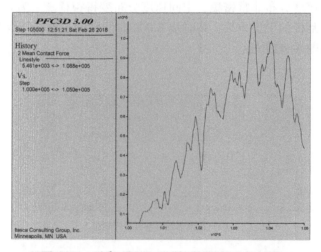

图 5-44　时步 100 000 开始平均接触力的记录

由图 5-43 可以看出，改进后的抛物线形刮板的接触力树状图中，黑色部分分布更加均匀稀疏，而图 5-44 中接触力曲线显示时步 5 000 结束后，模拟系统的平均接触力为 $0.45×10^5$N，比原抛物线形刮板的平均接触力（$0.55×10^5$N）减少了 $0.1×10^5$N，所以这种改进后的抛物线形刮板比起原结构平煤效果更好。

七、仿真结果分析

通过使用 PFC3D 软件对 4 种不同形状刮板的平煤效果进行了模拟仿真，并且得到了有效的数据和图形。通过观察这几种刮板平煤的仿真结果图，可以看出，异型面的结构在推刮煤颗粒时，向厢体两侧排煤的效果非常明显。本书只是对所有异型面中最典型的抛物线形刮板进行了模拟仿真，由此可以推断对刮板进行结构优化，向异型面方向思考是正确的，这种异型面刮板的使用一定可以提高煤矿平煤的效果。

为了能更清楚地对比几种刮板的平煤效果，现将程序结束时，四种刮板（按照仿真的顺序依次四种刮板分别是长方形平面刮板、对称三角形刮板、抛物线形刮板和对称抛物线刮板）作用下煤颗粒运动分布图、速度分布图和接触力树状图对比如图 5-45、图 5-46 和图 5-47 所示。

本章中模拟仿真的各种结果说明，可以对煤矿中平煤器刮板结构进行抛物线形异型面的优化，无论是本书提及的哪一种抛物线形刮板，都使平煤时刮板分煤的效果得到了提高。

八、本章小结

本章使用颗粒流离散元 PFC3D 软件对 4 种不同形状刮板的平煤过程进行了模拟仿真，根据各个的仿真结果，可以得出结论，针对目前市场上平煤器刮板平煤效果不佳的情况，可以对刮板进行异型面结构优化，本章中涉及的抛物线形刮板和对称抛物线形刮板的模拟平煤效果很好。可以对刮板进行这方面的优化。

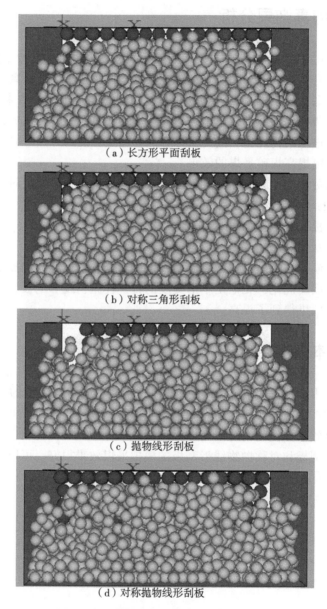

（a）长方形平面刮板

（b）对称三角形刮板

（c）抛物线形刮板

（d）对称抛物线形刮板

图 5-45　循环 5 000 时煤颗粒运动对比

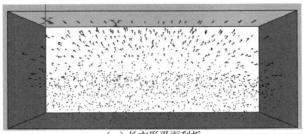

（a）长方形平面刮板

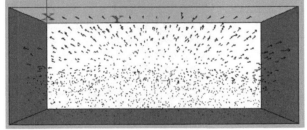

（b）对称三角形刮板

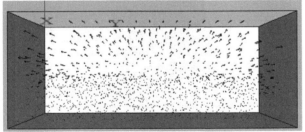

（c）抛物线形刮板

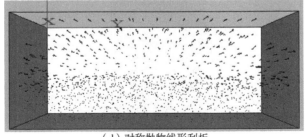

（d）对称抛物线形刮板

图 5-46　循环 5 000 时煤颗粒速度对比

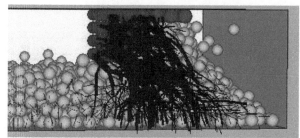

（a）长方形平面刮板

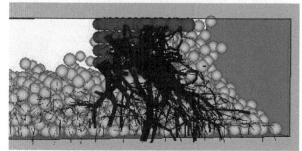

（b）对称三角形刮板

（c）抛物线形刮板

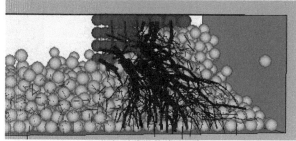

（d）对称抛物线形刮板

图 5-47　循环 5 000 时对比煤颗粒接触力树状图

第六章 总结与展望

一、总结

本书结合煤矿上现有的平煤器刮板平煤效果不佳这一研究背景，以优化平煤装置的结构参数进而优化刮板结构形状为目的，通过结合圆锥曲线的数学特性并使用离散元软件 PFC3D 分别对平煤装置模拟系统和四种形状的刮板进行了编程及几何建模，并且对刮板的平煤过程进行了编程及运动仿真，由仿真结果得出如下结论。

（1）在保证 4 种刮板的模拟仿真物理环境完全一致的前提下，使用 PFC3D 软件分别对长方形平面刮板、对称三角形刮板、抛物线形刮板、对称抛物线形刮板平煤过程进行了模拟仿真。在程序结束后，通过观察厢体颗粒分布图，可以直接看出厢体两侧空隙颗粒的数量越来越多。刮板平煤模拟过程能清楚地看到，异型面刮板的排煤效果最好，颗粒向两侧流的趋向非常明显，这与异型面刮板表面曲线光滑的数学特性相关。

（2）在程序结束后，由生成煤颗粒的速度分布图可以看出，对称抛物线形刮板平煤后，向厢体两侧运动的颗粒流速度矢量分布最密集，中间堆积的速度矢量最少，这种速度分布图更直观地对分析给予了肯定。

（3）通过该软件中的"HISTORY"命令来追踪分析模型的平衡状态，得出刮板与颗粒之间，颗粒之间的平均接触力树状图和平均接触力曲线图。分煤效果最好的刮板，其接触树状图中代表接触力大小的黑色区域显示稀疏且分布均匀，接触力的数值越小。这 4 种刮板模拟结束后的平均接触分别是 $0.7 \times 10^5 N$、$0.65 \times 10^5 N$、$0.55 \times 10^5 N$、$0.45 \times 10^5 N$，由这些数据表明，异型面刮板的平煤效果确实比平面刮板要好很多。

（4）由本书对刮板的异型面结构优化，只是对抛物线形的两种不同形式的刮板进行了仿真，取得了不错的仿真结果，所以可以推断出平煤装置的结构优化可以朝圆锥曲线方面去思考，还可以用一些比抛物线曲线光滑性更好的圆锥曲线去模拟仿真，以得到最佳的结构形状。

二、研究展望

本书通过运用三维离散元 PFC3D 软件对 4 种不同形状的刮板的平煤过程进行了模拟仿真，得到了一系列有意义的结论，但是仍然处于理论模拟仿真阶段，其中有不足的地方需要改进。

（1）本书建立的两种抛物线形刮板是异型面结构中的一种，虽得到了不错的仿真结果，但是并不一定是最佳，所以在以后的研究中，应该多研究几种典型的异型面结构，以选择出最佳的一种。

（2）本书将单个煤颗粒简化为圆球形，虽然对于计算效率有很大提高，但对计算精度有一定影响。以后的研究应当考虑将多个圆球按一定方式组成，形成与实际煤颗粒形状更加接近的单元对煤颗粒进行模拟。

（3）平煤器刮板推刮煤颗粒的离散元模拟过程需要消耗大量计算时间，以后的研究应考虑多台计算机并行计算或用 FISH 语言来编写程序，以提高工作效率。

（4）受安装条件限制，未能在生产现场应用，使研究成果缺少实验验证。

参考文献

陈卫国，王桂香，贾洪福. 2008. 四连杆液压双杠压煤器及双辊平煤器的设计和应用 [J]. 矿山机械，36（16）：76-77.

付宏，董劲男，于建群. 2005. 基于 CAD 模型的离散元法边界建模方法 [J]. 吉林大学学报（工学版）(6)：626-631.

付宏，吕游，徐静，等. 2012. 非规则曲面的离散元法分析模型建模软件 [J]. 吉林大学学报，30（1）：23-29.

韩顺佳. 2016. 圆筒煤仓装车平煤装置 [J]. 山东煤炭科技（10）：129-135.

黄晚清，陆阳. 2006. 散粒体重力堆积的三维离散元模拟 [J]. 岩土工程学报（28）：2139-2143.

蒋明镜，石安宁，刘俊，等. 2019. 结构性砂土力学特性三维离散元分析 [J]. 岩土工程学报，41（增刊2）：1-4.

李伟，朱德懋. 1999. 不连续散粒体的离散单元法 [J]. 南京航空航天大学学报（2）：85-91.

李艳洁，徐泳. 2005. 用离散元模拟颗粒堆积问题 [J]. 农机化研究（2）：57-59.

牛志刚，苏永红. 2010-07-21. 一种异型面平煤装置及其使用方法：中国，201010121437.2 [P].

戚华庭，周光正，于福海，等. 2015. 颗粒物质混合行为的离散单元法研究 [J]. 化学进展，27（1）113-124.

齐阳，唐新军，李晓庆. 2015. 粗粒土应力诱发各向异性真三轴试验颗粒流模拟研究 [J]. 岩土工程学报，37（12）：2292-2300.

田耘，王林峰. 2019. 基于 PFC 离散元的多层岩质陡坡危岩崩落序列 [J]. 科学技术与工程，19（19）301-309.

王燕民，李竟先，FORSSBERG Eric. 2003. 颗粒堆积现象的计算机模拟（英文）[J]. 硅酸盐学报（2）：169-178.

魏群. 1991. 散体单元法的基本原理数值方法及程序 [M]. 北京：科学出版社.

吴清松，胡茂彬. 2002. 颗粒流的动力学模型和实验研究进展 [J]. 力学进展（2）：250-258.

许自立. 2017. 非饱和土强度的三维颗粒流模拟 [D]. 北京：北京交通大学.

苏永红. 2015. 试论PFC3D在平煤器结构优化的应用 [J]. 山西广播电视大学学报（2）：41-42.

苏永红. 2016. 刮板形状对平煤过程动态行为影响的离散元模拟 [J]. 现代工业经济和信息化（15）：59-61.

张锐. 2005. 基于离散元细观分析的土壤动态行为研究 [D]. 长春：吉林大学.

张锐，李建桥，李因武. 2003. 离散单元法在土壤机械特性动态仿真中的应用进展 [J]. 农业工程学报，19（1）：16-19.

赵仕威，周小文，刘文辉，等. 2015. 考虑颗粒棱角影响的直剪试验的离散元模拟 [J]. 岩土力学，36（S1）：602-607.

BAKER J L, JMNT G. 2016. A two-dimensional depth-averaged μ (1) - rheology for dense granular avalanches [J]. Journal of Fluid Mechanics (787)：367-395.

ZHANG D, JWHITEN W. 1999. A new calculation method for particle motion in tangential direction discrete element simulations [J]. Powder Technology (102)：235-243.

EBERHARDT E. 2001. Numerical modelling of three - dimension stress rotation ahead of an advancing tunnel face [J]. Int. J. Rock Mech. Min. Sci (38)：499-518.

FENG Y T, OWEN D R J. 2014. Discrete element modelling of large scale particle systems - I：exact scaling laws [J]. Computational Particle Mechanics (1)：159-168.

ZHANG R, LI J Q, XU S C. 2004. Simulation of Force on Nonsmooth Bulldozing Plate by Distinct Element Method [R]. Beijing：2004 CIGR International Conference.

ZHAO C, HOU R, ZHOU J. 2018. Particle contact characteristics of coarse
－grained soils under normal contact ［J］. European Journal of Environ-
mental and Civil Engineering, 22 (sup1): s114-s129.

ZHAO Y, PENG H Y. 2012. Analysis on stability of rock pillar in highway
tunnel through coal seam－based on fast lagrangian analysis of continua
［J］. International Journal of Advancements in Computing Technology
(1): 10-16.